機械系 大学講義シリーズ ㉕

新版 工作機械工学

東京工業大学名誉教授　工学博士
伊 東　　誼

神戸大学名誉教授
摂南大学名誉教授　工学博士
森 脇　俊 道

共 著

コロナ社

機械系　大学講義シリーズ　編集機構

編集委員長

藤　井　澄　二　（東京大学名誉教授　工学博士）

編 集 委 員（五十音順）

臼　井　英　治　（東京工業大学名誉教授　工学博士）

大　路　清　嗣　（大阪大学名誉教授　工学博士）

大　橋　秀　雄　（東京大学名誉教授　工学博士）

岡　村　弘　之　（東京大学名誉教授　工学博士）

黒　崎　晏　夫　（東京工業大学名誉教授　工学博士）

下　郷　太　郎　（慶應義塾大学名誉教授　工学博士）

田　島　清　灝　（早稲田大学名誉教授　工学博士）

得　丸　英　勝　（京都大学名誉教授　工学博士）

序

　工作機械は，人間社会の必要とする物を生産するうえで重要な手段の一つである。このことは，「一国の技術レベルはその国の工作機械技術のレベルに左右される」という事実により裏付けられている。しかし，その重要性にもかかわらず，わが国では「工作機械」は一般社会，あるいは場合によっては技術者の社会でもなじみのない言葉の一つである。これは，工作機械の特質が産業を支える「縁の下の力持ち」的なものであることによるのであろう。しかし，機械技術者の間でも工作機械が特殊なものとみなされる理由の一つとして，大学における工作機械の講義は，従来その設計技術に重点を置きすぎたことがあげられる。すなわち，多くの場合に，かの有名な Schlesinger の著書，あるいはそれに類似のテキストを使用して設計技術主体の講義が行われている。しかし，将来工作機械技術者になることを希望する少数の学生を除けば，大多数の学生にとって，これは無意味と感じられ，履習するものは限られてくる。一般的に多くの技術者および学生にとって，工作機械の設計技術よりは，工作機械をいかに効率よく利用するか，いわゆる工作機械の利用技術のほうが重要である。残念なことに，これまで出版された工作機械に関する書籍には，このような工作機械の利用技術を主眼としたものは数少なく，また，その内容も不十分である。しかも，従来，このような工作機械の利用技術は等閑視されていた嫌いがある。

　ところで，人間社会の発展とともに，必要な「物」に要求される性能は多様化，高度化しつつある。これは，工作機械の高精度化，高能率化および複合機能化を要求するようになるが，これらの要求に工作機械単体で対処するのは困難である。そこには，工作機械−工具−工作物系内の工作機械，あるいは生産システム内の一要素としての工作機械というシステム的な観点が必要となる。その結果，従来にも増して工作機械の利用技術が重要視されることになる。しかも，生産性の向上のために，例えばフレキシブル生産システムで代表されるように，工作機械の自動化，複合加工化がこのシステム的な発想のもとで進行している現状では，工作機械の利用技術はますます重要な意味を持ってくる。

ただし，工作機械を効果的に利用するには，その機械の設計方法や構造等に熟知していることが望ましいのも事実である。しかし，満足し得るレベルまで設計技術と利用技術の両者を同時に習得するのは一般的に困難であろう。そこで，工作機械がブラックボックス化しつつある現状を踏まえて，おもに工作機械の利用技術を対象にまとめたのが本書である。ただし，前述のような主旨から，よりよい利用技術を習得するうえで必要な最低限の設計技術の知識も説明している。

以上のことより，本書名を「工作機械工学」とした意図はご理解いただけると思うが，このように本書は，従来とは異なった観点から工作機械について論じているので，学生のみならず，工作機械をいかに有効に利用するかという点に関心のある技術者の方々にも役立つものと考えている。なお，本書は，1章，3章，6.1〜6.3節を森脇が，2章，4章，5章，6.4節，7章を伊東が分担し執筆した。終わりに，新しい意図のもとに本書を執筆する機会を与えていただいた東京工業大学臼井英治教授，ならびに出版に際していろいろとご苦労いただいた（株）コロナ社に深甚の謝意を表したい。

1989年盛夏

伊東　誼・森脇　俊道

改訂版の発行に際して

「物つくり立国」なる標語が我が国の国是とみなせるような情勢が追い風となっているのであろうが，本書は，初版第1刷を15年前に発行して以来，幸いにして数多くの方々にご愛読を頂き，12刷まで増刷を重ねてきた。しかし，ここ10年の間における社会の発展はめざましく，それはグローバル環境下での工作機械の高精度化，高能率化，ならびに複合機能化をますます要求するようになっている。その結果，本書にも陳腐化した内容が散見されるようになったので，上記に再録してある初版の序文に記されている意図は堅持しつつ，改訂版を発行することにした次第である。附言すれば，改訂版では初版とは異なり，2.2節を森脇が分担執筆している。

2004年早春

伊東　誼・森脇　俊道

新版の発行にあたって

　1989年に初版を発行してから約30年が経過した。この間に工作機械技術は格段に進化し，また関連する研究の進展も目覚ましいものがある。特に，この間における大きな変化はコンピュータや情報処理関連技術の進歩であろう。工作機械は数値制御（NC：Numerical Control）化されたことによって，つねに最先端のコンピュータ技術を利用して素晴らしい発展を遂げた。その結果として単に数値制御技術の高度化のみならず，工作機械の形態も大きく変化させることとなった。具体的にはマシニングセンタ（MC：Machining Center），ターニングセンタ（TC：Turning Center）あるいは複合工作機械など，汎用工作機械の時代には考えられなかったような新しい形態を有する工作機械が数多く誕生した。また，同時に工作機械のハードウェアの面からみれば，速度，生産性，精度も飛躍的に向上した。その裏には工作機械に関する地道な研究・開発の努力があったことを忘れてはならない。

　産業界における工作機械の位置づけをみると，わが国の工作機械の生産高は，1982年にドイツを抜いて世界一となり，2009年に1位の座を中国に譲ったが，以降世界第2位の地位を堅持している。工作機械産業がその国のものづくり産業の指標の一端を示すことを考えればこのことはうなずけよう。しかも，わが国で生産される工作機械は90％以上がNC工作機械であり，その60％ほどが海外に輸出されている。わが国の工作機械はドイツと並んで技術的にも世界の最高水準を維持し，わが国のみならず世界のものづくり産業に貢献していることは疑う余地もない。

　さて，幸いにも本書は改訂版も含め，発行以来多くの方々にご愛読いただいて，版を重ねることができた。しかしながら上述したように，昨今の工作機械関連技術の進化は目覚ましく，新たな版をおこすことが適切であると判断し，新版の発行を思い立つに至った。新版を執筆するにあたり当初の理念，すなわち「工作機械を設計する側と，利用する側の双方に配慮した書とすること」は

堅持し，章立ては基本的に初版とほぼ同じとしたが，できるだけ最新の情報も含めることとして内容を一新した。

　工作機械を利用する立場からすれば，自動化が進んだこんにち，工作機械の中身はブラックボックス化して，使用法を理解すればよいという考え方も成り立つ。しかしながら，工作機械はただ運転すればよいというものではなく，工作機械の基本的な特性を理解して初めてより効果的に利用することができるし，また加工プロセスを介して最終的な加工結果が得られることから，加工に関する基礎的な知識も必要となるであろう。さらに機械工学の立場からすれば，工作機械は機構，構造，制御など多くの工学の集大成であるといえる。その意味ではやや専門的になったきらいはあるが，工作機械を設計する立場からの考え方も含めて必要な説明を行っている。本書が大学で機械工学を学ぶ学生諸君のお役に立てば幸いであり，またさらに工作機械をより広く理解しようとする専門家の入門書として利用していただければ望外の喜びとするところである。

　なお，本書は1章，3章，5.1節～5.3節を森脇が担当し，2章，4章，5.4節，6章，付録を伊東が担当した。末筆ながら「新版 工作機械工学」の出版に関してコロナ社の関係者各位には深甚の謝意を表する。

2019年春

伊東　誼・森脇　俊道

目　　次

1 工作機械工学の概要

1.1　工作機械の定義と工作機械の課題 ……………………………… 3
1.2　工作機械の分類 …………………………………………………… 8
1.3　工作機械と工作機械工学の歴史 ………………………………… 16
　1.3.1　産業革命以前 ………………………………………………… 16
　1.3.2　産業革命から第二次世界大戦まで
　　　　　──汎用工作機械の発明と発展── ……………………… 17
　1.3.3　第二次世界大戦以降──数値制御工作機械の発展── …… 20
　1.3.4　工作機械の加工性能向上の歴史 …………………………… 24
　　　　演　習　問　題 ………………………………………………… 28

2 汎用 NC 工作機械の基本的な構造構成

2.1　工作機械の本体構造設計の基礎知識 …………………………… 36
　2.1.1　変位基準設計の概要 ………………………………………… 38
　2.1.2　軽量・高剛性，高減衰能，ならびに
　　　　　小さな熱変形という設計の原則 …………………………… 40
　2.1.3　構造設計の三大属性──高速性，高精度化，ならびに重切削性 …… 43
2.2　工作機械の形状創成運動と案内精度 …………………………… 45
2.3　汎用 NC 工作機械の主要な構造構成 …………………………… 47
　2.3.1　本　体　構　造 ……………………………………………… 48

2.3.2　主軸構造と主軸駆動系 ……………………………………… 58
　　2.3.3　案内構造と送り駆動系 ……………………………………… 73
　2.4　モジュラ構成と進みつつあるプラットフォーム方式
　　　　（加工空間重視のモジュラ構成） ………………………………… 82
　　2.4.1　モジュラ構成の定義，ならびに四原則 …………………… 84
　　2.4.2　メーカ主体のモジュラ構成——階層方式とユニット方式 … 86
　　2.4.3　ユーザ主体のモジュラ構成——プラットフォーム方式 … 86
　　　　演　習　問　題 ……………………………………………………… 89

3　工作機械と数値制御

　3.1　サーボ機構とその付属装置 ………………………………………… 93
　3.2　同時制御と補間 ……………………………………………………… 99
　3.3　NCプログラミング ……………………………………………… 103
　3.4　多軸加工機と複合加工機 ………………………………………… 109
　3.5　高度なNCの制御と工作機械 …………………………………… 117
　　　　演　習　問　題 …………………………………………………… 124

4　工作機械と計測システム

　4.1　センサ・フュージョン …………………………………………… 135
　4.2　工作物の形状，寸法および表面品位 …………………………… 140
　　4.2.1　工作物の形状および寸法 …………………………………… 141
　　4.2.2　工作物の表面粗さ，その他 ………………………………… 144
　4.3　工作物および切削・研削工具の取付け状態 …………………… 147
　4.4　切削・研削抵抗，工具損耗，ならびに切りくず形態 ………… 150
　　4.4.1　工　具　損　耗 ……………………………………………… 152
　　4.4.2　切りくず形態 ………………………………………………… 159

目　次　　　　　　　　vii

　4.5　機械の稼働状態 …………………………………………… 163
　　　演 習 問 題 …………………………………………………… 165

5 　工作機械の特性解析および試験・検査

　5.1　工作機械に要求される性能と評価項目 ………………… 168
　5.2　工作機械の特性解析と評価 ……………………………… 175
　5.3　工作機械の評価試験と受入れ試験 ……………………… 184
　5.4　経 済 性 評 価 ……………………………………………… 190
　　　5.4.1　加工コストの算出方法 ……………………………… 196
　　　5.4.2　加工コストの削減に関わる指針 …………………… 198
　　　演 習 問 題 …………………………………………………… 205

6 　工作機械とユーザ支援技術

　6.1　一般的なユーザ支援技術 ………………………………… 207
　6.2　加工空間の連環とプラットフォーム方式の有効利用 … 210
　6.3　予防保全を含む品質保証設計 …………………………… 214
　6.4　廃 棄 性 設 計 ……………………………………………… 216
　　　演 習 問 題 …………………………………………………… 221

付　　録

参 考 文 献

索　　引

1

工作機械工学の概要

　人類はホモサピエンス（知恵のある人）と呼ばれ，その誕生から現在に至るまで，輝かしい文明を築き上げてきた．その過程において，当初簡単な道具しかもっていなかった人類は，さまざまな技術を開発し，現在の高度な物質文明を作り上げるに至っている．その中で「もの」を作る——「ものづくり」——の技術が重要な役割を果たしていることは論を待たない．例えば，航空機や自動車など身の周りにある多くの機械は，空を飛行する，あるいは地上を高速で移動するなど，それぞれの機械に固有の目的を有しているが，これらの機械もまた機械によって作られる．一般に多くの機械は各種金属やプラスティックなど固体材料で作られ，通常所定の機能を果たす部品群から構成されている．それぞれの部品は所期の機能を果たすため，目的に応じた材料を用いて必要となる形状，精度，各種特性を有するように作られる．

　こうした部品を製作する方法としては，従来から ① 溶融加工（鋳造など，主として素材を高温で溶融させて「型(かた)」に流し込んで成形する），② 変形加工（鍛造やプレス加工など，主として材料に塑性変形を与えて必要な形状に成形する），③ 除去加工（切削，研削加工など，素材から不要な部分を除去して必要な形状に加工する），④ 接合加工（溶接など，部材を接合させて部品や製品を作る）が知られている．これらに加えて最近では，**付加製造**（**AM**：Additive Manufacturing，積層造形あるいは 3D プリンティングなどと呼ばれ，種々の方

法で素材を層状に積み上げて成形する）と呼ばれる新たな加工法も注目を浴びている。

　このうち，切削加工や研削加工のように機械的なエネルギーによって素材から不要部分を除去する除去加工は，加工精度，能率（生産性），経済性の点で優れていることから，広く機械製造に用いられており，そのための機械を工作機械と呼んでいる。広義の工作機械としては，機械的なエネルギー以外に電気エネルギーを用いる放電加工機，レーザエネルギーを用いるレーザ加工機などがあるが，ここでは機械的なエネルギーを用いて除去加工を行う機械を工作機械としておく。工作機械は機械を創る**母なる機械**すなわち，**マザーマシン** (mother machine)[†]と呼ばれている。

　こうした工作機械を設計，製造し，またそれを利用するためには，科学的知識の裏付けが不可欠である。例えば，工作機械を設計・製造するためには加工の力学や構造力学，機械の運動と機構，制御工学，動力学などに関する知識が要求され，他方，工作機械を用いて加工を行うためには，材料学，計測工学や機械の特性に関する知識が不可欠となる。また最近では，ほとんどの工作機械はコンピュータ制御されていることから，コンピュータや関連の IT 技術に関する十分な理解が必要であることは明らかであろう。工作機械とは，このように多くの学問分野にまたがる知識の集大成として位置づけることができる。そこで工作機械を設計・製造し，また利用するという観点から，工作機械を系統的に取り扱う学問を**工作機械工学** (machine tool engineering) と呼ぶことにする。本書では工作機械に対する基本的な考え方から，応用，評価に至るまでを一貫して取り扱っている。本書の大まかな内容は以下のとおりである。

　*1 章*では，工作機械の基本的な考え方，定義と分類ならびに工作機械に関連した歴史的な流れについて述べる。

　*2 章*では，基本となる代表的な汎用 NC 工作機械を取り上げ，その基本構成とメカニズムについて述べる。

[†] mother machine という英語は日本国内では広く使われている英語であるが，国際的には必ずしも正規な英語ではない。

3章では，コンピュータ技術を応用した数値制御工作機械の基礎と現状の技術，ならびにより高度な工作機械の考え方について述べる。

4章では，工作機械を中心とした生産システムの構成と現状について述べる。

5章では，工作機械に必要となるセンサ技術と計測システムについて述べる。

6章では，主として加工精度および加工能率の観点から，工作機械の各種特性の解析・評価法について紹介するとともに，経済性評価についても触れる。

1.1 工作機械の定義と工作機械の課題

日本工業規格[†]（JIS B 0105）では，**工作機械**（machine tool または metal cutting machine tool）を，「主として金属の工作物を，切削，研削などによって，または電気，その他のエネルギーを利用して不要な部分を取り除き，所要の形状に作り上げる機械」と定義している。本書では，上述したように工作機械を機械的なエネルギーによって除去加工を行う機械と限定して考える。具体的には，工作機械は工具と工作物を保持し，その両者の間に相対的な運動を与えて工具・工作物間に干渉を発生させ，工作物の不要部分を工具によって除去する機械ということになる。ここで工作機械に必要な運動は，基本となる切削（研削）を行うための切削（研削）運動，工具・工作物に相対運動を与えて形状を創成する送り（運動），および工具・工作物間の相対位置を決める位置決め（運動）の3種類である。運動形態としては，直線運動と回転運動の2種類がある。切削（研削）運動は，高速性が要求されることから，高速運動が可能な回転運動が主として用いられ，現在では直線運動を利用した切削（研削）はほとんど行われない。送り運動は基本的に直線運動とその組合せであるが，最近では回転運動も付加され，複雑な形状の加工が実現されている。

以上のように，工作機械では工具の形状と工具・工作物間の相対運動が工作物表面に転写されて加工面が創成される。これを**母性原則**という。ほとんどす

[†] 日本工業規格は，2019年7月より日本産業規格に変更。

べての除去加工はこの原則に従うため，工作機械では工具，工作物に与える運動形態と運動精度が重要になる。また工作機械による除去加工がそのほかの加工法に対して優位性を保つためには，工作機械に対してまず基本的に高い加工速度，加工精度および加工能率が求められる。そのほか，幅広い用途に対応できるための柔軟性，信頼性，安全性，操作性，経済性，保守の容易さが求められる。さらに最近では省エネルギーや環境負荷の低減も求められるようになってきている。以下，これらについて簡単に述べる。

〔**1**〕**速　度**　除去加工では基本的に加工される工作物に対して，工具は硬度（高温硬度）が高くなければならない。高速で切削・研削を行うと，当然それに伴って加工温度が上昇するため，高温でも高い硬度を維持することができる工具が求められる。後述するように工具材料の進展は目覚ましく，高速切削を可能にする工具の開発が進み，同時に工作機械の高速化も進んでいる。工作機械ではまず高速で切削・研削するための主軸の高速化，ついで工具・工作物間の相対運動（送り運動）の高速化が問題となる。

〔**2**〕**精　度**　除去加工が母性原則に従うことから，工作機械には高い運動精度が求められる。加工中の工作機械には種々の外乱が作用するため，求められる運動精度は単に機械が無負荷で運動する場合の精度だけでは不十分である。具体的にはまず，工作機械には機械や工作物の自重，切削・研削力，運動に伴う慣性力など静的・動的な各種の力が作用する。このような力に対して工作機械はできるだけ変形しないことが求められる。この変形のしにくさは剛性（単位量の変形を発生させるために必要な力で，$kN/\mu m$ の単位で表される）と呼ばれている。ここで剛性は，時間とともに変化しない静的な力に対する**静剛性**と，時間とともにその大きさや方向が変化する動的な力に対する**動剛性**に分けられる。工作機械を含むすべての弾性体には共振現象があるため，特に動的な力が作用した場合には工作機械に振動が発生し，大きな問題となることが多い。動剛性を高めるためには静剛性とともに振動を吸収する能力を表す減衰能が高いことが求められる。

工作機械の変形を引き起こす別の要因として，熱によって発生する膨張・収

縮が原因となる変形，すなわち熱変形がある。特に，仕上げ加工のように高い加工精度が要求される場合には，熱変形は精度低下の主原因となることが多い。こうしたことから力に対する剛性と同様に，熱変形のし難さを表す指標として**熱剛性**という用語も使われる。

〔3〕**能　率**　加工能率を表す指標として，単位時間当りの工作物の除去量すなわち**金属除去率**（**MRR**：Metal Removal Rate，通常 cc/min で表される）がある。除去率を向上させるためには，単に高速で加工するだけでは不十分で，除去量を決める切込み，単位時間当りの除去量に直結する送り速度が重要となる。除去率を向上させると当然切削・研削力も増えることから，上述した剛性が重要となる。工作機械全般で見た場合，加工能率を向上させるためには，除去率だけでなく，工具の交換時間，工作物を取り付けたり交換したりするために要する時間，機械を稼働して実際に加工を始めるまでの時間など，間接的な時間の短縮も重要である。こうしたことから能率向上にはシステム的なアプローチが必要となる。

〔4〕**柔軟性**　一つの工作機械で単一の加工を行うのではなく，工作機械に工作物を取り付けると種々の工具を用いて多様な加工ができ，さらには異なる加工法，例えば工作物を回転させながら加工する旋盤加工と，回転する工具で加工を行うフライス加工も同一の機械で行うことができれば，加工能率や加工精度の点で有利となる。最近の工作機械は数値制御と呼ばれるコンピュータによる制御が普及し，このような複合加工を行う工作機械は珍しくない。代表的な工作機械としては，旋盤を基本としたターニングセンタ，フライス盤を基本としたマシニングセンタ，研削盤を基本としたグラインディングセンタ，およびこれらの機能を統合した複合工作機械などがある。このほか加工機能と計測機能，熱処理機能などを兼ね備えた工作機械，さらには積層造形と切削加工を一つの工作機械に集約した機械も市場に出回っている。

〔5〕**信頼性**　いかなる機械においても信頼性が高いことは当然の要求である。工作機械においては，機械が故障すればそのまま工場の生産性に影響を及ぼすため信頼性は特に重要である。工作機械においては，高速，高温で工作物

材料の破壊が進展し，除去された材料が切りくずとなって排出されるという，過酷な条件下で加工が行われる。そこで加工プロセスや切りくずの排出をモニタリングしたり，重要な工作機械部品にセンサを取り付けて故障の予知をしたりすることなどが試みられている。特に人工知能など最近の情報処理技術の進化がこの分野では大きく貢献している。

〔6〕**安全性**　工作機械は当然ながら，作業者にとって安全な機械でなければならない。最近の工作機械は上述したように，コンピュータによって制御されているため，作業者が加工中に加工プロセスを直接に監視する必要はない。通常，多くの工作機械は，加工中保護カバーで覆われており，作業者の安全性は格段に向上している。加工中，作業者は切りくずや加工液の飛散から守られ，さらに工具や工作物の脱落というような事故からも守られている。

〔7〕**操作性**　従来の工作機械では，ハンドルやレバーを操作して工作機械を運転しており，そのためレバーやハンドルの位置や可動範囲など，人間工学的な検討が必要とされていた。最近ではコンピュータ制御の工作機械が増えたことから，制御盤の取扱いやすさや，視認性などが操作性の点で重要になりつつある。

〔8〕**経済性**　生産財である工作機械は設備投資や減価償却（原価償却）の観点からその経済性を考える必要があるが，同時にそれによって生み出される利益との関係で考える必要がある。最近の工作機械は十分な準備さえ行えば，無人で稼働させることができるため，365日，24時間の運転を可能とするスケジューリングやインフラの整備が重要になる。

〔9〕**保守の容易さ**　工作機械は故障することなく常時最大の生産性を実現するように稼働することが求められる。そのため故障や不具合が発生して修理をするのではなく，故障を予知して保全を行う**予防保全**（**PM**：Preventive Maintenance）が望ましい。最近では各種センサやそのデータを処理する人工知能技術やデータ処理技術が進化するとともに，ネットワークを通じて工作機械とメーカの担当部署がつながっていて，メーカによる適切な処置やサービスが受けられるようになってきている。

〔10〕省エネルギー　　地球温暖化の観点から，あらゆる機械に対して省エネルギーが求められている。最近の工作機械では制御装置や各種の付加設備が追加されていることから，工作機械が消費する全電力のなかで，実際に加工に利用されるエネルギーの割合は相対的に低い。図 **1.1** に示すマシニングセンタの例では，主軸および送り駆動に使用されるエネルギーは，それぞれ 24 %

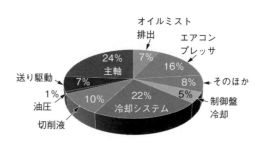

図 **1.1**　立形マシニングセンタのエネルギー使用割合の例（Denkena による）

および 7 % にすぎない。こうしたなかで工作機械の省エネルギーに関する研究・開発も進められている。一例として，加工条件を適当に選択することにより，部品加工に必要なエネルギーを低下させることが可能となることが知られており，その意味で切削・研削加工の最適化が改めて研究されている。

〔11〕環境負荷の低減　　機械加工においては多くの場合，切削・研削油が使用され，また加工後に部品の洗浄が行われる。図 **1.2** に示す例は，自動車会社のエンジン加工ラインにおける使用エネルギーの割合と，産業廃棄物の割合を示している[1]†。図から理解できるように，本来の加工以外に多くのエネルギーが消費され，また産業廃棄物が排出されていることが理解できる。特に切削・研削油は加工能率や加工精度の面で不可欠であるが，環境負荷に及ぼす影響は大きい。こうした観点から環境負荷の低減に対する研究・開発が進められ

図 **1.2**　エンジン加工ラインの使用エネルギーと産業廃棄物の割合[1]

---

†　肩付き数字は巻末の参考文献番号を表す。

ている。

1.2　工作機械の分類

　工作機械はいずれも，当初それぞれの目的をもって発明，開発され，その後必要に応じて種々の改良や工夫が加えられてきている。しかしながら，基本的な切削・研削運動が回転運動か直線運動に限られ，それが工具や工作物にどのように割り当てられるか，また送り運動がどのように与えられるかという観点からすれば，基本的な構造形態は歴史的に見てほとんど変化しておらず，それが工作機械を分類するうえでの基礎となっている。工作機械の形態が大きく変わったのは最近で，それは後述する数値制御装置の発展および各種駆動装置の進歩によるところが大きい。

　〔**1**〕**一般的な分類**　　従来形の工作機械は，例えば主軸の回転数や送り速度などは，歯車機構などによって制御され，切込みは作業者がハンドル操作で設定するなど，機械的なアナログ制御を基本とする機械であった。これに対して，最近の工作機械は，コンピュータを用いたディジタル制御の工作機械が主流となっている。こうした工作機械は**数値制御工作機械**（numerically controlled machine tool）または **NC 工作機械**と呼ばれ，「工具と工作物との相対運動を，位置，速度などの数値情報によって制御し，加工に関わる一連の動作をプログラムした指令によって実行する工作機械」と定義されている。一般に数値制御工作機械に対して従来形の工作機械を**汎用工作機械**と呼んでいる。

　日本工業規格（JIS B 0105）に規定されている代表的な工作機械の例を**表 1.1**に示す。このうちで，平削り盤と形削り盤は直線切削運動を利用した工作機械で，平面切削を行う工作機械として歴史的にはよく知られた工作機械であるが，現在ではほとんど使用されていない。数値制御工作機械では，機械に設定した X, Y, Z 軸から成る直交座標系および各軸周りの回転座標系に従って送り運動を与える。複数の軸に沿った送り運動を同時に与えて加工を行う多軸制御工作機械，および複数の加工機能を有する複合工作機械の例を**表 1.2** に示す。

1.2 工作機械の分類

表 1.1 代表的な工作機械（JIS B 0105：2012 より抜粋）

工作機械の名称（代表例）	定　義	主として使用する工具
旋盤（lathe, turning machine） 例：普通旋盤，卓上旋盤，工具旋盤，多頭旋盤，多刃旋盤，タレット旋盤，自動旋盤，正面旋盤，立て旋盤，ロール旋盤，車輪旋盤，超精密旋盤	・工作物を回転させ，主としてバイトなどの静止工具を使用して，外丸削り，中ぐり，突切り，正面削り，ねじ切りなどの切削加工を行う工作機械。工作物は主軸とともに回転し，バイトには送り運動が与えられる。 ・数値制御によって運転するものと，数値制御によらずに運転するものとがあり，数値制御によるものを，特に，数値制御旋盤という（以下同様）。	各種バイト （ドリル）
ボール盤（drilling machine） 例：直立ボール盤，ラジアルボール盤，多軸ボール盤，ドリリングセンタ	・主としてドリルを使用して工作物に穴あけ加工を行う工作機械。 ・ドリルは，主軸とともに回転し，軸方向に送られる。	各種ドリル （タップ）
中ぐり盤（boring machine） 例：横中ぐり盤，テーブル形横中ぐりフライス盤，ジグ中ぐり盤	・主軸に取り付けた中ぐりバイトを使用し，主軸を繰り出して中ぐり加工を行う工作機械。 ・バイトは，主軸とともに回転し，工作物またはバイトに送り運動を与える。フライス削りの機構を備えたものが多い。	バイト （フライス）
フライス盤（milling machine） 例：ベッド形フライス盤，ひざ形フライス盤，万能フライス盤，プラノミラー	・フライスを使用して，平面削り，溝削りなどの加工を行う工作機械。 ・フライスは，主軸とともに回転し，工作物に送り運動を与える。	各種フライス
研削盤（grinding machine） 例：円筒研削盤，内面研削盤，平面研削盤，万能研削盤，心なし研削盤，工具研削盤，ねじ研削盤，ジグ研削盤，カム研削盤	・砥石車を使用して工作物を研削する工作機械。	各種研削砥石
歯切り盤（gear cutting machine） 例：ホブ盤，歯車形削り盤	・歯切り工具を使用して，主として歯車の歯切りを行う工作機械。	各種歯切り工具 例：ホブ，カッタ
平削り盤（planning machine）	・テーブルを水平往復運動させ，バイトをテーブルの運動方向と直角方向に間欠的に送って，主として平面削りを行う工作機械。	バイト
形削り盤（shaping machine）	・テーブルをラムの運動と直角方向に間欠的に送り，往復運動するラムに取り付けたバイトを使用して，工作物の平面および溝削りを行う工作機械。	バイト
ブローチ盤（broaching machine）	・ブローチを使用して，工作物の表面または穴の内面に，いろいろな形状の加工を行う工作機械。	ブローチ

1. 工作機械工学の概要

表 1.2 多軸制御・複合工作機械（JIS B 0105：2012 より抜粋）

工作機械の名称（代表例）	定　義	主として使用する工具
ターニングセンタ (turning center)	回転工具主軸，割出し可能な工作主軸，およびタレットまたは工具マガジンを備え，加工プログラムに従って工具を自動交換できる数値制御工作機械。	各種バイト （ドリル）
マシニングセンタ (machining center)	主として回転工具を使用し，フライス削り，中ぐり，穴あけおよびねじ立てを含む複数の切削加工ができ，かつ，加工プログラムに従って工具を自動交換できる数値制御工作機械。	各種フライス，ドリル，タップ，バイト
5軸制御マシニングセンタ (five-axis machining center)	直交3軸および旋回2軸をもち，同時に5軸を制御できるマシニングセンタ。	同上
複合マシニングセンタ (multi-tasking machining center)	工作物の段取り替えなしに，旋削，フライス削り，中ぐり，穴あけ，ねじ切り，ホブ加工，研削などの複数の異種加工の行えるマシニングセンタ。	同上
グラインディングセンタ (grinding center)	研削砥石車の自動交換機能を備え，内外面，端面の研削など，さまざまな研削加工を工作物の段取り替えなしに実行できる数値制御研削盤。複合研削盤ともいう。	各種研削砥石

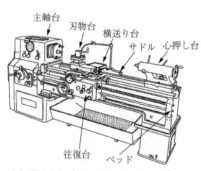

(a) 普通旋盤〔JIS B 0105：2012，図2〕

(b) 立て旋盤〔JIS B 0105：2012，図6〕

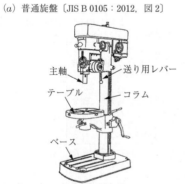

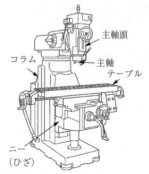

(c) 直立ボール盤〔JIS B 0105：2012，図10〕　　(d) ひざ形立てフライス盤〔JIS B 0105：2012，図18〕

図 1.3 代表的な

代表的な工作機械を汎用工作機械と数値制御工作機械に分けて**図 1.3** に示す。図より汎用工作機械では基本的な加工法が理解しやすく，また数値制御工作機械は複雑な加工を行うことが可能な工作機械であることがわかる。なお，慣習的に，主軸が垂直方向に設定されている工作機械を**立形**，また水平方向に設定されている工作機械を**横形**と呼んでいる。

〔**2**〕**形状創成機能に基づく分類**　　工作機械の慣習的な分類に対して，工作機械の本質が工具と工作物に相対運動を与えて加工面を創成するという基本にさかのぼって，工作機械を分類することができる。この分類法によれば，機械の構造形態や大きさに無関係に工作機械を分類することができる。この分類法

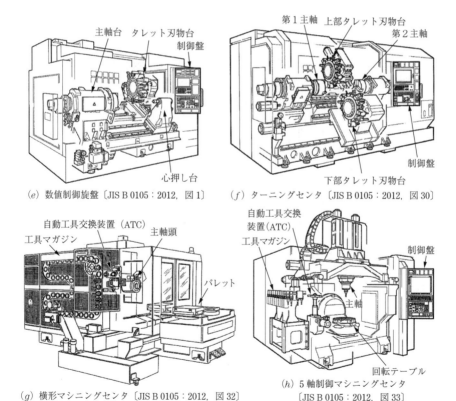

(e) 数値制御旋盤〔JIS B 0105：2012，図 1〕　　(f) ターニングセンタ〔JIS B 0105：2012，図 30〕

(g) 横形マシニングセンタ〔JIS B 0105：2012，図 32〕　　(h) 5 軸制御マシニングセンタ〔JIS B 0105：2012，図 33〕

工作機械の例

は実用上の観点からは必ずしも便利とは言い難いが，機械の構造にとらわれず，加工法を主体にした分類を行ったり，新たな形状創成機能を有する工作機械を考案したりするうえでの基本となる．

工作機械の形状創成機能に基づく分類を行う場合，運動の種類や工具の種類などによって多くの組合せを考えることができる．例えば，運動の種類としては以下のように分類される．

・運動の形態（直線運動，回転運動およびそれらの組合せ）
・運動の機能（切削運動，送り運動，位置決め運動）
・運動を付与する対象（工具，工作物）

表1.3 工作機械の運動による加工法の分類

装着位置		記号	工具 テーブル・ベッド上				工具 主軸（ラム・クイルを含む）			
			a	b	c	d	e	f	g	h
		No. \ 運動の種類	●	→	↻	↺	●	→	↻	↺
工作物	主軸（ラム・クイルを含む）	1 ●	✕		△				○	
		2 →		△	△	△	△			
		3 ↻		○		○				
		4 ↺	△	○		△				
	ベッド・テーブル上	5 ●					✕		○	○
		6 →					△	○	○	△
		7 ↻						○	○	
		8 ↺					△	○		△

表中 ○：現在用いられている加工方法
　　 △：理論上可能な加工方法
　　 ●：停止を意味する

1-d：スラブミル，3-b：旋削，3-d：マッハ高速ねじ切り，プランジカット研削，4-b：主軸移動形単軸自動盤による旋削，4-c：心なし研削，5-f：キーみぞ加工，5-h：中ぐり，ドリル加工，6-f：形削り，ブローチ加工，平削り，6-g：フライス削り，円筒研削，内面研削，7-f：ターニング，7-h：トレパンボーリング，歯車形削り，ホブ切り，8-g：ねじフライス削り，シェービング

また，使用する工具も，例えば以下のように分類される．
  ・工具の形態（バイト，ドリル，フライスカッタ，ブローチ，砥石など）
  ・工具の機能（工作物との接触が基本的に点，線，あるいは面であり，相対運動により所期の加工面を創成する）

工具と工作物に異なる形態の運動を与え，実現されている加工法をまとめると**表1.3**のようになる．なお，表1.1に示した工作機械について運動形態をまとめると**表1.4**のようになる．

表1.4 代表的な工作機械の運動形態

工作機械の名称	切削運動		送り運動			
	回転	直線	X	Y	Z	回転
旋　盤	W		T		T	
ボール盤	T				T	
中ぐり盤	T		W, T	T	T	
フライス盤	T		W, T	W, T	W, T	
研削盤	T, W	(W)	W	T, W	T	
歯切り盤	T	(T)		T		W
平削り盤		W		T	T	
形削り盤		T		W	T	
ブローチ盤		T		(T)		

（注）T：工具，W：工作物

〔3〕そのほかの分類　　工作機械は数値制御工作機械，マシニングセンタ，ターニングセンタ，さらには複合工作機械のように，1台の工作機械でできるだけ多くの種類の加工に対応するための汎用性を目的とした工作機械がある反面，ごく限られた種類，大きさの部品をできるだけ能率よく大量に生産することを目指して機能を限定し，可能な限り単純化した機械で，しかも低価格にしたいという専用的な機械が求められることがある．当然のことながら，多品種中少量生産よりも，少品種多量生産のほうが，加工能率は高くなる．このようにユーザの立場からは，工作機械を汎用，単能，専用，特殊専用に分けることができる．ただし，この分類はあくまで相対的，便宜的なものであり，厳密な

定義づけをすることは難しい。

以上のような分類法による工作機械の特徴をまとめると**表 1.5**のようになる。ここで汎用工作機械は，例えば表 1.1 に示したような普通の工作機械で，広い用途に対応し得るものである。単能工作機械は限定された加工に用いられるもので，工作物の寸法形状にあまり融通性がない。小物の軸物加工に多く用いられており，主軸が一つだけの単軸自動盤と主軸が複数ある多軸自動盤がある。単軸自動盤に対して，多軸自動盤は主軸の軸数が多いほど初期投資は大となるが，生産量が増えればそれだけ生産性が高く，部品一つ当りの生産コストは低くなる。

表 1.5 加工の多様性と生産量による工作機械の分類

分類	加工法の多様性		生産量 (ロット数)	加工能率	加工精度	具体例
	基本加工法	付属品				
汎用工作機械	中	多	少	低	高, 中, 低	従来の多くの汎用工作機械
単能工作機械	少		中	高	〃	単軸および多軸自動盤
専用工作機械	単		多	高	〃	インデックスマシン
			少	中	〃	在姿車輪研削盤
特殊専用工作機械	多		極少	低	低	従来の万能工作機械

単能工作機械の代表例である自動盤や専用工作機械は，例えば自動車のシリンダヘッドなどのように，特定の形状，寸法，材質などの工作物の加工のみに使用され，ほかへの応用がほとんどできない反面，多くの場合，自動化の程度は高い。万能工作機械は，通常の汎用工作機械にさらに機能を追加して，より多様な用途に対応することができるように工夫された工作機械である。一つの工作機械により，できるだけ多くの加工を行うことができるように，2 種または 3 種の工作機械の機能を持たせたものである。この工作機械はきわめて特殊であり，一般に使用されることはないが，例えば機関に故障があっても自力で修繕することが求められる，特殊な遠洋航海船などに積み込まれている。

生産システムとしてみた場合，小品種多量生産から，中品種中量生産，さらには多品種少量生産まで，生産量と生産する部品の多様性によって，特徴づけ

られることが多い。一例として，部品の種類と生産量に応じて分類される好適な生産システムの種類を**表 1.6**に示す。最近では顧客の要求が多様化し，同一の製品でも頻繁にモデルチェンジが行われるなどするため，種々の変化に対応することができるように生産システムの対応性が求められている。例えば，トランスファラインに導入される工作機械も専用工作機械から数値制御工作機械に置き換わられつつあり，このようなトランスファラインは**フレキシブルトランスファライン**と呼ばれている。

表 1.6 部品の種類と生産量による生産システムの分類

部品の種類	生産量	生産システムの種類
小 (1～2)	7 000 以上	トランスファライン
中 (3～10)	1 000～10 000	専用システム
中 (4～50)	50～2 000	フレキシブル生産システム
中 (30～500)	20～500	フレキシブル生産セル
大 (200 以上)	1～50	NC 工作機械群

工作機械のそのほかの分類として，加工精度による分類がある。ただし，加工精度は工作機械の精度のみで決まるものではなく，後述するように工作機械が設置されている周囲の環境や加工条件など種々の要因によって影響を受ける。また加工精度の目安となる寸法公差が同じであっても，大きな工作物と小さな工作物では加工精度はまったく異なることがある。一つの目安として，寸法 100 mm の工作物を加工した場合に到達可能な精度によって以下のように分類されている[2]。

・普通工作機械：到達可能な精度 1 µm
・精密工作機械：同 0.1 µm
・高精密工作機械：同 0.01 µm
・超精密工作機械：同 0.001 µm およびそれ以下

工作機械の加工能率は，旋盤加工の場合には切込みと送り量で決まる除去量と，切削速度で決まる除去速度によって与えられる。また，フライス加工では半径方向切込みと軸方向切込みで与えられる除去量と送り速度によって与えられる。当然ながら除去量が大きいほど切削・研削抵抗が大きくなることから，

工作機械の剛性が問題となる。一般に、除去量が大きい重切削・研削と切削・研削速度の両方を満足することは、機械の性質上困難であることから、除去量を重視した強力重切削・研削工作機械と、除去速度を重視した高速切削・研削工作機械に分類されることが多い。加工能率は加工精度と同様、多分に相対的なものであり、その意味で加工能率に基づく分類も定義があいまいで、営業政策上の分類ということもできる。さらに、切削速度は工作物の材質と使用可能な工具の材質によって決まることが多く、工作機械の性能だけでは決められない。また切削速度を決定する工作機械の主軸回転数も、主軸の大きさによって異なり、一般的には主軸受内径 d [mm] と毎分の回転数 n [rev/min] の積 dn 値が 10^6 以上となる主軸が高速主軸の一つの目安となっている。

そのほかの分類として工作機械の大きさによる分類がある。一般的には以下のような指標が用いられている。

・旋盤：ベッド上の振り（取り付け得る工作物の最大直径）、センタ間距離（取り付け得る工作物の最大長さ）
・フライス盤：テーブルの大きさ、テーブルの左右、前後、上下の移動量

1.3 工作機械と工作機械工学の歴史

1.3.1 産業革命以前

人類は太古の昔から、人力や自然の力を利用してものを加工する知恵を持っていた。**図 1.4** は、紀元前三世紀のエジプトの壁画に見られる立形旋盤である[3]。右に座っている人が紐をひっかけて工作物を回し、左の人が工具を押し当てて切削をしている様子を示している。同様の旋盤（横形）はわが国でも木製のお椀を加工するときに用いられている。中世になると**図 1.5** に示すような足踏み式の旋盤（ポール旋盤）

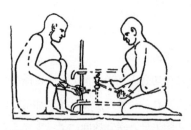

図 1.4 紀元前3世紀の旋盤（エジプトの壁画より）[3]

が使われている[4]。これは一人でも作業が行えるように，主軸に紐を巻き付け，ペダルを利用して反対方向に工作物を回しておき，竿(pole)の弾性復元力を利用して工作物を回転させながら工作物表面に工具を押し当てて外周加工を行うものである。

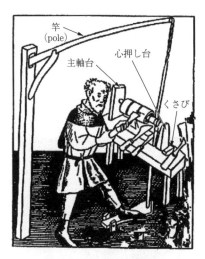

図1.5 中世のポール旋盤[4]

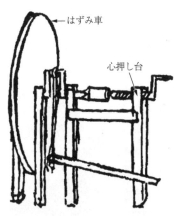

図1.6 レオナルド・ダ・ビンチによる足踏み式の旋盤のスケッチ[3]（1500年頃）

こうした人力を利用した工作機械で特筆すべきは，**図1.6**に示すレオナルド・ダ・ビンチの足踏み式の旋盤であろう[3]。これはダ・ビンチが残した手記の中にあるもので，実際に製作されたという記録はない。この旋盤が優れているところは，まず第一に，クランク機構によって足踏みの直線運動を工作物の連続的な回転運動に変換する機構を示していること，第二に，大きなフライホイールを利用することで滑らかな回転を得ていること，および第三に，ねじを利用した心押し台を利用して工作物を強固に保持していることである。これらの考え方はいずれも現在の機械に利用されている。ダ・ビンチはこのほかにも多くの手記を残しており，例えば親ねじと往復台および替え歯車を備えたねじ切盤のアイデアなどもある。

1.3.2 産業革命から第二次世界大戦まで──汎用工作機械の発明と発展──

18世紀後半にイギリスで起こった産業革命は，現在に至る工業化社会の夜明

けであった。この産業革命の牽引役となったのが蒸気機関の発明であり，その意味で産業革命はエネルギー革命であったといってよい。蒸気機関の発明者として知られているジェームス・ワットは1769年に蒸気機関の特許を取得したが，当時の加工技術では蒸気機関を実用化するために必要なシリンダの高精度な加工技術が存在しなかった。1775年に鉄工技師ジョン・ウィルキンソンが発明した中ぐり盤（図1.7(a)）は当時としては画期的な高精度を有しており，その発明によって図(b)のワットの蒸気機関が実用化された。ウィルキンソンの中ぐり盤の加工精度に関しては「たとえ72インチのシリンダでも最悪の箇所で真の形から薄い6ペンス硬貨の厚さほども違わない」といわれている[4]。

(a) ウィルキンソンの中ぐり盤のモデル
（1775年）（ロンドン科学博物館）

(b) ワットのLap蒸気機関のモデル
（1788年）（スコットランド博物館）

図1.7　ウィルキンソンの中ぐり盤とワットの蒸気機関[4]

蒸気機関が実用されて以来，イギリスを中心に多くの機械産業が発達した。工作機械に限れば，図1.8に示すヘンリー・モーズレイの旋盤を挙げることが

図1.8　モーズレイの旋盤（大英博物館）[3]

できる[3]｡この旋盤は金属製で，図に示すように，親ねじによって往復台が送られ，割ナットと締付け装置によって送りのかけ外しが行われるようになっている｡また，前後送りのハンドルには目盛りがついており，正確な切込み設定ができるようになっている｡さらに，替え歯車によって加工されるねじのピッチが変えられるようになっており，この旋盤は現在の汎用旋盤の元になっているといってよい｡

19世紀中頃になると，工作機械製造の中心は，しだいにイギリスからドイツおよびアメリカに移っていった｡特に，アメリカでは兵器をはじめとする精密工業製品の大量生産に対する要求から，さまざまな工作機械が開発され，改良が加えられていった｡こうした機械の代表的な例として，フライス盤と研削盤があげられる｡最初のフライス盤はアメリカ人エリー・ホイットニーによって開発された横形フライス盤（**図1.9**）とされている[4]｡初期のフライス盤は主軸もテーブルも上下に動かすことができず，1回切削を行うごとに，工作物にシム（敷板）をかませて切込みを調整する必要があった｡その後，フライス盤にはさまざまな改良が加えられていき，1861年にジョセフ・R・ブラウンが製作した万能フライス盤は当時としては画期的なものであり，現在の汎用フライス盤の原型になっている｡

図1.9 ホイットニーの横形フライス盤（1820年頃）[4]

他方，1888年にニコラ・テスラが発明し，1889年に特許を取得した実用的な交流電動機（モータ）は20世紀に入って大きく進歩し，機械を駆動するエネルギー源としての立場を確立していった｡モータの発明は第二次産業革命ともいわれている｡モータによる各個駆動方式の工作機械は20世紀に入って開発・改良が進められ，現在の汎用工作機械の基礎が確立されたといえる｡

なお，機械の生産システムについてみれば，自動車の大量生産を実現した

フォード社の自動車組立てラインが有名である．フォード社は1903年にA型フォード，1906年にT型フォードの生産ラインを導入し，さらに1914年にシャーシーの組立てラインにベルトコンベアを導入しており，この年が組立てに関する大量生産方式の基本形完成の年とされている．

1.3.3 第二次世界大戦以降——数値制御工作機械の発展——

第二次世界大戦以降における工作機械に関する最も重要な発明は，数値制御工作機械（以後NC工作機械と略称）であるということができる．NC工作機械はこれまでの汎用工作機械において，例えば歯車と送りねじによって制御されていた送り速度，ならびにレバーとハンドルを介して制御していた位置決めを，すべて数値情報によって制御することができる工作機械である．すなわち従来の汎用工作機械が，アナログ方式を用いメカニズムによって運動の制御をつかさどる情報処理部分と駆動部分が一体化されていたのに対し，NC工作機械ではディジタル方式を用いて情報処理を行い，駆動部分を制御するというまったく異なった方式で機械を制御する．

NC工作機械を発明したのはアメリカのジョン・T・パーソンズで，当時ヘリコプターのブレードを検査するための板ゲージを加工する機械に関する考案をアメリカ空軍に提案したのが始まりである．空軍からの開発委託を受けたパーソンズはこれをもとに，マサチューセッツ工科大学（MIT：Massachusetts Institute of Technology）サーボ機構研究所の協力を得て，1952年にNCフライス盤の開発に成功した．その後，NC工作機械はアメリカを中心に急速に発展していったが，ドイツをはじめとする伝統的な工作機械技術を継承してきたヨーロッパではあまり見向きされなかった．

他方，わが国ではいち早くこの技術が注目され，大学や民間企業，国立研究所など官民を挙げた開発が進められた．民間の工作機械メーカによるNC工作機械の第1号は牧野フライスと富士通の共同開発によるもので，1958年の大阪国際工作機械見本市にNCフライス盤が出品された．NC工作機械は当初，発祥の地アメリカでは主としてフライス盤系の工作機械を中心に開発が進められたが，わが国では制御軸数が少なく比較的簡単なボール盤や旋盤を中心に開発が

進められ，普及していった。

　NC工作機械は，基本的に数値情報に基づいて制御信号を作るNC制御装置と，制御情報を受けて実際に工作機械の運動を制御する駆動機構からなっている。当初のNC制御装置は，情報処理を行う専用の回路から構成されていたが，その後，急速に進歩してきたコンピュータ技術を取り入れ，ソフトウェアで処理するようになった。このことから前者を**ハードワイヤード制御装置**，後者を**ソフトワイヤード制御装置**と呼んでいる。制御装置にコンピュータを採用したことから，複雑な情報処理を含め，NCの機能は急速に発展していった。特にコンピュータを内蔵したNC装置は，**CNC**（Computerized NC，コンピュータNC）と呼ばれ，単なる工作機械の運動制御にとどまらず，工作機械内の各種シーケンス制御，付属装置の制御，オペレータやほかの機械，さらには上位コンピュータとの情報の受け渡しの処理，対話形自動プログラミングなど多くの機能を有している。このような電子化技術を第三次産業革命と呼ぶこともある。

　他方，駆動機構に関しては，当初NC制御装置から発せられる電気パルスに基づいてパルスモータ（あるいは大きな駆動力を出すための電気油圧パルスモータ）を駆動する方式（オープン・ループ方式）が採用されていたが，その後，制御信号に基づいて直接モータを駆動し，実際の運動をセンサを用いて計測しフィードバック制御を行う方式（クローズド・ループ方式，あるいはセミクローズド・ループ方式）が開発され，サーボモータおよびセンサの進歩とともに，駆動装置の性能は急速に進歩した。

　NC工作機械に関連した重要な技術としては，1958年にアメリカのKearney & Trecker社が開発したマシニングセンタMilwaukee-Matic（**図1.10**）に搭載された**自動工具交換装置**（**ATC**：Automatic Tool Changer）が挙げられる。

　この装置によってフライス盤主軸に取り付ける工具が人の手を介さないで自動的に交換されることができるようになったため，ひとたび工作物を機械に取り付けると，ほとんどあらゆる加工を行うことが可能となり，生産性が向上するとともにシステム化，無人化に大きく貢献した。現在生産されているフライス盤系のNC工作機械は大半がマシニングセンタである。マシニングセンタで

図 *1.10* 初の市販のマシニングセンタMilwaukee–Matic（Kearney & Trecker 社）

はひとたび工作物を取り付けたままで，各種の加工を行うことができるため，取付け，取外しに伴う作業が不要となり，加工精度も向上する．

つぎに重要な技術としては，1967 年にイギリスのモリンス社が開発した「システム 24」の柔軟性のある生産システムという概念がある．これはその後の生産システムの根幹をなす重要な**フレキシブル生産システム**（**FMS**：Flexible Manufacturing System）の基本である．システム 24 は実際には完成しなかったが，FMS の概念は 1983 年にアメリカで特許が成立した．ATC と FMS はいずれもその後の NC 工作機械の根幹をなす技術であり，わが国の工作機械メーカはその対応に追われた．なお，パーソンズは NC に関する特許を出願していない．

21 世紀に入って，特に**情報通信技術**（**ICT**：Information and Communication Technology）が急速に進歩し，また特に最近では**人工知能**（**AI**：Artificial Intelligence）の進歩が目覚ましい．人工知能が人の知能を上回るターニングポイントとされるシンギュラリティが目前であるという意見も出ている．こうした技術はいち早く工作機械にも取り入れられつつあり，結果として工作機械の知能化（インテリジェント化）が進むと期待されている．具体的にはこれまで現場のオペレータに頼っていた高度な監視作業，機械学習による制御の高度

化,故障や不具合の事前予知などが進むと考えられる。こうしたICT技術の高度化による産業の発展は第四次産業革命といわれている。以上を取りまとめて,工作機械の歴史的な発展過程を**図1.11**に示す。

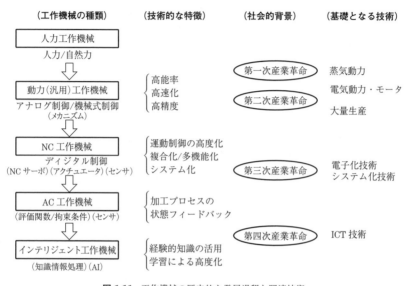

図1.11 工作機械の歴史的な発展過程と関連技術

また,最近における機械生産システムの発展過程をまとめると**図1.12**のようになる。当初NC工作機械は単独で運転されていたが,複数の工作機械の制御装置を中央コンピュータにつないで,集中制御する方法が開発された。この方法は**群制御**(**DNC**: Direct Numerical Control) と呼ばれており,NC制御情報の集中管理の草分けであった。その後,マシニングセンタやターニングセンタなど高度に自動化されたNC工作機械が開発されるとともに,**無人搬送車**(**AGV**: Automated Guided Vehicle)やロボットなどにより,情報だけでなく工作物などの物流,ハンドリングの技術が加わって,**フレキシブル生産システム**(**FMS**: Flexible Manufacturing System)へと発展していった。FMSは製品の多様性に対応し得る中種中量生産の高度な生産システムとして発展したが,一方で大規模なFMSを構築するには規模が大きく,また融通性に欠けることから,

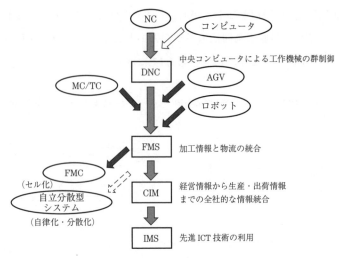

図 1.12 機械生産システムの発展過程

少数の NC 工作機械や自動化された工作物ハンドリング装置から成る小規模の**フレキシブル生産セル**（**FMC**：Flexible Manufacturing Cell）が普及していった。他方，全社的な情報化が進められて経営情報から生産・販売情報までを包含する**コンピュータ統合生産システム**（**CIM**：Computer-Integrated Manufacturing system）の構築も進められた。

FMS や FMC の発展形として，より自由度が高く，自律的な意思決定が行われる自律分散型の生産システムも検討された。CIM の行先として，ICT 技術を活用した**知能化生産システム**（**IMS**：Intelligent Manufacturing System）が研究され，さらにその後さまざまな名称で呼ばれる生産システムの研究開発が進められている。

1.3.4 工作機械の加工性能向上の歴史

戦後における工作機械の発展の歴史として，NC 工作機械を中心に説明したが，この間，工作機械は固有技術の面でも著しい進化を見せている。特に，それまでは経験的な知識に基づいて機械の開発が進められたが，コンピュータの利用技術をはじめとする科学技術の進歩により，工学的な知識を駆使した研究開発が進められ，工作機械関連の技術は大きく進歩した。

まず,工作機械の加工精度についてみると,谷口は精度によって工作機械の種類を,普通,精密,高精密,超精密の4種類に分類し,それぞれが到達可能な加工精度の歴史的な変遷を**図1.13**のようにまとめている[2]。時代とともに工作機械の加工精度が向上し,現状では管理された状態で超精密工作機械によって1 nm(0.001 μm)の加工精度が得られている。また,最近の超精密工作機械のNC制御の分解能は0.1 nmにも至っている。工作機械の加工精度を向上させた要因としては,例えば,静圧軸受や静圧案内などの新たな超精密機械要素の開発,部品や機械要素の高精度化のみならず,計測器・駆動装置の高精度化や工具技術の進歩が挙げられる。また,特に工作機械の加工精度を劣化させる原因としての熱変形に対する科学的な理解が進み,十分な対策が施されていることも高精度化に貢献している。

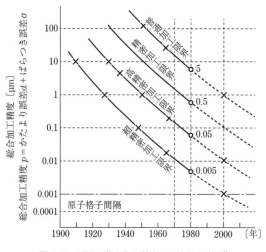

図1.13 到達可能な加工精度の歴史的な変遷[2]

工作機械の高精度化と並んで重要な項目として,工作機械の高速化があげられる。特に高速主軸に関しては,セラミック製の球軸受など新たな軸受が開発され,同時に高速回転を可能にする軸受の潤滑技術,冷却技術の開発も主軸回転数の向上に貢献している。最新の高速主軸では,既述のdn値が数百万に及ぶものもある。また,テーブルなどの直線運動部の駆動には最先端のリニア

モータ技術が取り入れられて高速化に貢献している。工作機械の高速化と切っても切れない関係にあるのが工具技術である。新たな工具材料が開発されるとより高速で加工することが可能となり，高速の工作機械が開発されるとより高速で加工することが可能な工具材質が求められるというように，工具材の開発と工作機械の高速化は相まって開発が進められてきた。

切削・研削速度は加工する工作物の材質に依存する。例えば，現状ではアルミニウムのような軟質金属の切削には切削速度の制限はないといわれ，他方，航空機のエンジンなどに使用される高硬度の耐熱材料などは，工具摩耗のため相対的に低い切削速度でしか切削することができない。切削工具材料に関してみれば，1900年に開発された高速度鋼を皮切りに，20世紀になってからさまざまな工具材料が開発され，切削速度は着実に高速化に向かっている。**図 1.14** は代表的な工作物材質ごとに，工具材料の開発とそれによって可能となった切削速度の時代的な変遷を示している。

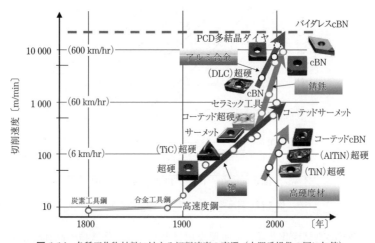

図 1.14 各種工作物材料に対する切削速度の変遷（水門氏提供の図に加筆）

NC工作機械の発明によって，マシニングセンタやターニングセンタに代表されるような各種多軸制御・複合工作機械が開発されてきたことはすでに述べた。**図 1.15** は一例としてNC旋盤が各種機能を追加しながら複合加工機へと発

1.3 工作機械と工作機械工学の歴史

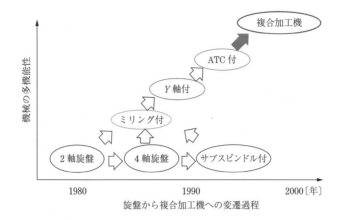

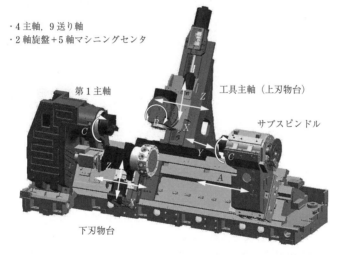

図 1.15 旋盤から複合加工機への変遷過程と代表的な複合加工機の例[5]

展していった過程と，最終的に到達した複合加工機の例を示している[5]。またこうした旋盤系 NC 工作機械の進歩とともに，加工可能な工作物形状が変化していった過程を**図 1.16** に示す[5]。旋盤で加工する工作物形状が基本的に丸物であるのに対して，フライス主軸を具備することにより角物の加工が可能となり，さらには高度なプログラムによって複雑形状の工作物の加工が可能となっていったことが理解される。

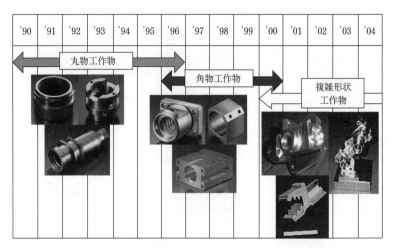

図 1.16 旋盤から複合加工機への変遷に伴う工作物形状の変化[5]

演 習 問 題

〔**1**〕身近に存在する各種の機械や機器について，主要な構成部品の加工法，加工精度について考察せよ。

〔**2**〕各時代における最先端の工業製品の開発，製造にはそれを可能にした工作機械や生産システムが大きく貢献していることが多い。歴史的に有名な種々の製品，身近な工業製品を例にとって，工作機械や生産システムの役割について考察せよ。

〔**3**〕工作機械の生産高は日本とドイツが世界規模で圧倒しており，特に日本の生産高は1982年から2009年まで世界一であった。今世紀に入って急速に工作機械の生産高をあげてきた中国は，2009年以降，世界一の座を保っている。こうした歴史的な変遷の背景について考察せよ。

〔**4**〕前世紀末からの急速なコンピュータ技術，情報処理技術の進歩が機械産業全般に及ぼした影響について考察せよ。

2

汎用 NC 工作機械の基本的な構造構成

　1章で述べたように，現在の工業先進国の工場設備では，すべての機種でNC工作機械が主流となり，わずかに「手直し，切上げ，あるいは追加工」のために卓上ボール盤，ラジアルボール盤，形削り盤などの在来形工作機械が使われているにすぎない。また，工業先進国に仲間入りしつつある韓国と台湾を除くアジア諸国でも，工業先進国と同じ道を歩んでいる。したがって，工作機械の基本的な構造構成は広く使われている機種，すなわち字義通りの汎用 TC および MC を主体に，さらに急速に加工機能の集積が進んでいる研削盤および歯車加工機械，いわゆる**研削センタ**（**GC**：Grinding Center）および歯車加工センタを対象に行うのが妥当であろう。

　その一方，社会の加工要求には想像を越えるものがあり，NC化が進んでも依然として経済的な理由から，あるいは特殊用途に在来形工作機械が使われている。例えば，本来は中品種中量生産向きといわれる多軸自動盤ではあるが，工具スライドを板カム制御する方式のものは使い勝手がよいので，多品種少量生産の領域で活躍している（図 5.31 参照）。また，特殊用途としては，船舶の応急修理用に使われる万能工作機械，大砲の尾栓室加工用の立削り盤などがある。

　工作機械の基本的な構造構成は，各機種の特徴的な様相によって変わるので，本来ならばすべての機種について述べるべきであるが，それには膨大な

ページ数が必要となる。そこで，ここでは使用頻度がずば抜けて多い汎用 TC および MC に的を絞って説明することにしたい。したがって，それ以外の機種については必要に応じて学習することが望ましく，その便宜のために関連するところでは脚注を付けている。

ところで，工作機械の基本的な構造構成，すなわち構造設計の原理と代表的な構造例の説明に際しては，まず「製品設計の流れ」を，ついで「工作機械の基本構造要素」の名称を理解する必要がある。

図 **2.1** に，一般的な製品設計の流れの概要を示す。市場調査や顧客からの注文を入力として，それらを具体化すべく製品の機能や性能を定めて，後工程である「製造の流れ」へ組立図と部品図を出力している。図は煩雑さを避けるために簡素化してあるが，多くの工業製品に共通の設計の流れであり，後述するように設計の際に重視する属性と評価因子が異なること，すなわち「変位基準の設計原理」であることを除けば，工作機械も例外ではない。

そして，この「変位基準の設計原理」を取扱うには，工作機械の構造は「基本構造要素」，「基本構造要素の結合部」，「一般部品およびユニット」，ならび

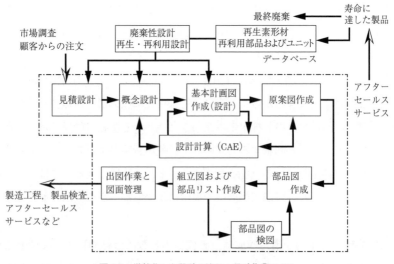

図 **2.1** 単純化した設計の流れ－設計作業モデル

に「アタッチメント（取付け具および治具）」からなっていることを知る必要がある。そこで，これらについて簡単に説明しておこう。

① **基本構造要素**　基本構造要素は，具備すべき機能および性能を具現化するうえで果たす役割によって，「大物部品」と「小物部品」に分けられる。「大物部品」は機械の形態，すなわち「機械の骨格」を構成するものであり，工作機械の構造設計上で最大の特徴である「変位基準の設計」と密接に関係する。一般的に，形状が大きく，重量のある部品が多いが，主軸のように部品の形状を作り出す際に要となる部品も含まれる[†]。

これに対して，「小物部品」は，伝動軸，歯車，軸受，密封装置など「機械の内蔵」を構成する部品であり，字義通り形状の小さな物が大多数である。これらは，産業機械やほかの機械類に使われるものと同じこともあるが，工作機械用として特に精度を高めることおよび耐久性を向上させることがある。

② **大物部品の結合部**　「大物部品」は機械の骨格を構成する重要なものであるが，一つの大物部品で一台の機械を構成，いわゆる「一体構造」とすることは技術面や経済面でのいろいろな理由から難しい。一般的にはいくつかの大物部品を組み立てて機械の骨格を構成するので，それらの結合部は大物部品と同様に重要な構造構成要素である。そして，大物部品を組み立てるボルト結合部，また，相対移動が可能な大物部品の場合には，「案内面」が代表的な存在である。特に案内面は，機械が部品を加工する際に基準となる「形状創成運動の精度」を規定する重要な結合部である（2.4節参照[10]）。

③ **一般部品およびユニット**　ボルトおよびナット，クラッチ，ベルトなど工業規格に定められている標準部品，また，専業メーカが供給している部品やユニットであり，広く入手が可能なので購入品として取扱われる。ただし，主軸駆動用の電動機のように，その特性が工作機械の機能および性能を左右するものもあり，工作機械メーカは供給者と密接な打ち合わせの下で購入することになる。

[†] 「大物部品」および「小物部品」は，慣用的に使われている「現場用語」であり，厳密な分類ではない。

④ **アタッチメント**　工作機械を使うときにユーザが準備するものであり，一般的に「工作機械の利用技術」の範疇で取り扱われている。しかし，「びびり振動」や「熱変形」は，機械-アタッチメント-工具-工作物系として論じる必要があるうえに，最近では加工精度の確保も同じく系として検討すべき実例が増えている。そこで，工作機械メーカとしても「機械の性能を支配する一つの結合部」とする見方が強くなっている。

それでは，ここで図**2.2**および図**2.3**に汎用TCおよびMCの「大物部品」の名称と同時に構造内での配置を示しておこう。これらの図からわかるように，似たような形状の大物部品でも，歴史的な経緯から名称が機種によって異なることがあるので注意しなければならない。なお，最近では機械の外観を洗練されたものとしてユーザの購入意欲をそそるように，工業デザインを採用することが多い。その結果，機械全体をトータルエンクロージャ（閉鎖形カバー）で覆うようになったので，大物部品を直接確認するためには，メーカの組立現場を見学する必要がある。

ところで，NC工作機械が主力となっている，あるいは主力になりつつある

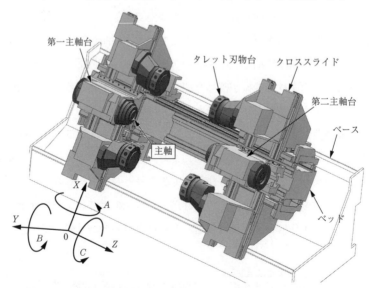

図2.2　汎用TCを構成する大物部品（Traub社の厚意による）

2. 汎用NC工作機械の基本的な構造構成

現今では，NC工作機械の特徴や利点を生かした「利用技術」，また，同時にNC工作機械に適する「構造設計技術」の構築と体系化が必要である。これらについては，必要性は古くから認識されているものの，いまだに十分な対応がなされておらず，在来形工作機械に関わるものを継承している面も多い。もちろん，技術の継承，すなわち温故知新は大切であるが，どのような問題が存在するのか簡単に触れておこう。

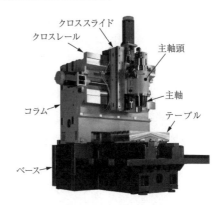

図2.3 汎用MCを構成する大物部品（V33型，牧野フライス製作所の厚意による）

〔1〕NC工作機械向きの部品図とは 例えば，図5.41に示すような，双主軸形TCにおける「口移し加工」は，在来形では使われることが非常にまれな加工法である。しかし，NC工作機械の進歩とともに，1章でも述べたように，加工機能の集積が急速に進み，また，使用できる切削工具の革新も進んだ結果，普遍的な加工法となっている。このように，NCの発達とともに，在来形が主力であったときとは大幅に工程設計が変わりつつある。

部品図は，それがどのように加工されるかを念頭に作成されているので，NC工作機械が工程設計にかなりの革新をもたらすとすれば，いずれ部品図の描き方が変わるかもしれない。このような見方に対して，現状では**図2.4**に一例を示すように，NC情報の作成しやすい寸法記入を望む意見が主張されている段階である。図2.4は製図規則のうえではなんらの問題もないが，さらに図中に

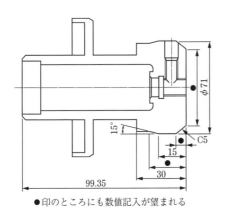

●印のところにも数値記入が望まれる

図2.4 NC工作機械の効果的な利用に向けた部品図の描き方への提案（島 吉男氏の厚意による）

●印で示した位置に寸法が記載されていると，NC情報の作成のうえでなにかと便宜であるとされている。なお，図面は煩雑さを防ぐために，説明に必要な箇所のみに寸法を記入している。

〔2〕**NC工作機械に伝承されている在来形工作機械の構造設計**　技術の進歩では，突如として新技術が創出されることは非常にまれであり，これまでに使われてきたものが改良されて機能および性能を段階的に，あるいは飛躍的に向上させることが一般的である。NC工作機械も一般的な進歩の図式に従っていて，在来形にNC装置を別置きで付設した第一世代に始まって，機械とNC装置が一体・融合している現今の姿に至っている。

したがって，そこには在来形の技術の影響が色濃く残っている一方，NC化の進展に伴って必要に迫られて開発されたNC工作機械向きの技術も使われている。本来ならば，それら使われている技術を整理・分類してNC工作機械の構造設計技術を体系化すべきであるが，そのような試みは現在でも希有に等しい状況にある。なお，構造設計技術を体系化する際には，「形状創成運動」および「構造形態」に関わる設計方法論も含めて広くとらえておくほうが将来の発展に資するところが大きいであろう。

以上のことを理解する一助として，**図2.5**には普通旋盤（1970年代），NC旋盤（1990年代），ならびにTC（2000年代）によって行われている外丸削りの情景を示してある。図に見られるように，関連する技術の進歩によって加工空間の姿は洗練されてきているが，外丸削りという形状創成運動の基本には「なんらの変化」も認められない。また，主軸構造やタレット刃物台には在来形の影響が色濃く残っていることもわかるであろう[†]。

[†] NC工作機械の構造構成を機種ごとに詳しく理解するには，必要に応じて在来形と対比することも効果的である。また，在来形の時代に考案および提唱，さらには実用化され，設計者やメーカ名を付して固有名詞化した独創的で参考に値する基本的な構造構成も存在する。そのような事例は，日本がドイツに対して立ちおくれている「構造構成や構造設計の革新性」を論じ，新たな技術開発を行うのに役立つと思われるので，例えばつぎのような書籍を参照のこと。

伊東　誼，工作機械にみる技術の系譜――技術遺伝子論によるアプローチ，日本工業出版（2014）

2. 汎用NC工作機械の基本的な構造構成

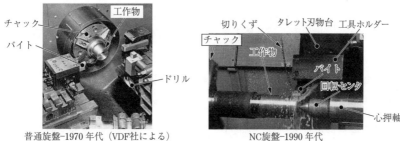

普通旋盤-1970年代（VDF社による）　　　NC旋盤-1990年代

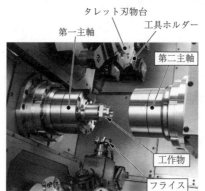

TC-2000年代（Indexの厚意による）

図2.5 外丸削りにみる加工空間の変遷

以上のほかに，構造設計を論じるときでも目的に応じてつぎのようなシステム的な観点が重要なことに留意すべきである．

① 製品設計技術主体の観点：システム-セル-単体機械-ユニット複合体（プラットフォーム）-ユニット-機能複合体-部品という階層構造（2.4節および付録参照）．

② 製品製造技術主体の観点：製品設計-素形材・半素形材の供給-製造技術（加工，組立，検査）-購入部品・ユニットの調達という連環（生産モルフォロジー）．

③ 利用技術主体の観点：すでに述べたように，機械-アタッチメント-切削・研削工具-工作物からなる加工空間[2]．

2.1 工作機械の本体構造設計の基礎知識

工作機械の本体構造設計，いわゆる機械の骨格の設計に際しては，①「許容変位」を評価因子とする変位基準設計，②軽量高剛性・高減衰能，ならびに小さな熱変形の構造の具現化，さらに③高速性，高精度化，ならびに重切削性という三大設計属性についての基礎知識が欠かせない。そして，実際に設計を行う際には，(a) 学術的知識，(b) 長年にわたって蓄積してきた経験的な知識，(c) 設計および工場現場での「草の根的なノウハウ」，(d) 勘と閃き，ならびに (e) 文系を含む他分野の知識や技術資産の巧みな組合せが鍵となる。

これらのうちで学術的知識では，弾塑性力学，構造力学，機械振動学，熱流体工学などが対象となるが，これら学問領域で取り扱っている理論の仮定，別の表現をすれば適用できる範囲には十分に配慮する必要がある。それは，例えば図 2.6 に示すような回転している砥石車周辺の空気流を数値計算流体力学で

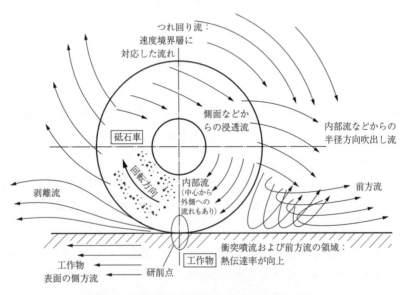

図 2.6 非常に複雑な砥石車内および周辺の空気の流れ

すべて解析できるかを考えてみればわかるであろう。図2.6は，流れの可視化を行って測定したデータから模式化したものであり，乱流状態は解析できるにしても，現状では剥離流や衝突噴流については解析できない[3),4)]。また，工作物の存在によって砥石車の上下が非対称になっているのも解析を困難にしている理由の一つである。

これに対して，**図2.7**は流体力学で取扱われている軸対称で回転している円盤の問題である。非定常三次元ナビエ・ストークス方程式と連続の式を用いて流れの状態を数値計算しているが，軸対称という取扱いやすい状態にもかかわらず，螺旋乱流の数値解は困難としている。要するに，平面加工中の砥石車の状態からみると大きく理想化されているので，それを考慮の上で得られた結果を利用することになる[6)]。

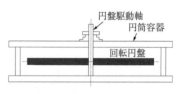

図2.7 流体中で回転する円盤
（千代盛，渡辺による）[6)]

また，草の根的なノウハウは，図2.1に示した「設計の流れ」の中の各過程によって違うレベルのものが要求される。例えば，図5.40に示すような主軸台本体の蓋については基本計画図の段階，また，**図2.8**に示す歯車を摺動させる仕組みは原案図作成の段階である。ここで，図2.8に示した工夫では，一般的には静止しているシフターヨークの溝を安価で入手の容易な転がり軸受の外輪に挟み込み，外輪を介して高速で回転する歯車を操作できるようにしている。これによって，シフターの構造の簡素化と大幅な摩擦エネルギーの低減を達成していて，1990年代に大日金属工業やドイツ，Heller社で実用に供されている。

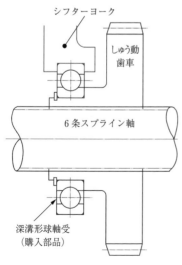

図2.8 購入部品によるシフターヨークの簡素化と摩擦エネルギー損失を低減する工夫

これらに対して，**図2.9**は自動車産業で

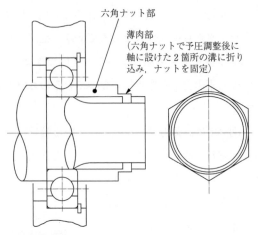

注：韓国，現代自動車蔚山工場にて著者スケッチ，2002年5月

図2.9 自動車産業で用いられている転がり軸受用ナット
（六角ナット＋薄肉ブッシュ一体形）

用いられている転がり軸受用ナット（ドイツ製）であり，ほかの産業分野で使われている機械要素を工作機械産業に導入しようとする示唆の一つである。六角ナットで予圧を調整したあとに，薄肉ブッシュを軸に設けた2箇所の溝に折り込んでナットを固定する。不釣り合いや回転精度を問題としない一般伝動軸の軸端で転がり軸受を簡便に固定する用途ならば，工作機械でも利用できるであろう。

2.1.1 変位基準設計の概要

自動車や電車を初め，産業機械，航空機などほとんどすべての機械は，壊れないように作られている。すなわち，設計に際しては許容応力を定めて，作用する荷重によって機械の各部に生じる応力が許容応力を超えないように設計している（応力基準設計）。これに対して，工作機械では，いろいろな機械の部品を精度良く加工するために，許容応力ではなく，機械に許し得る変形，すなわち許容変位を定めて設計を行っている（変位基準設計）。

図2.10は，これら二つの設計方法の違いを示すものである。荷重が作用するとベースにも反り変形を生じるが，図2.10では理解を容易にするために，

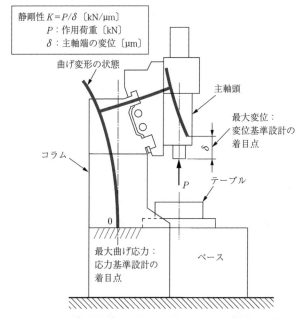

図2.10 変位基準と応力基準の設計の違い,ならびに静剛性の定義

ベースの変形をコラムや主軸頭の変形に重畳して,コラムとベースの接合部を固定端として示している。なお,実際の構造設計では,コラムとベースの接合部に生じる「結合部の変形」を考慮しなければならない。

さて,図のように可視化すると,応力基準と変位基準の設計の違いが一目でわかり,なにかと便利である。コラムの変形や応力状態は材料力学の梁理論で与えられ,応力基準ではコラムの固定端に生じる最大曲げ応力,また,変位基準では主軸端に生じる最大変位に着目する。また,変位基準では,許容変位は最大でも 1/100 mm であり,これを固定端での応力に換算すると,許容応力の数十分の一にすぎない。

要するに,変位基準の設計では,「本質的に機械本体は非常に大きな形状・寸法」とならざるを得ないが,工作機械も人間が扱う以上,ほかの機械と同様な形状・寸法に小さく作らなければならない。ここに,工作機械の設計・製造上の最大の特徴があり,後述するように,いろいろな工夫が長年にわたってなさ

れてきている。そして，この特徴を示す設計指標の一つが「静剛性」であり，図 2.10 中に同時に示すように次式で与えられる。

$$K = \frac{P}{\delta} \quad [\text{kN}/\mu\text{m}] \tag{2.1}$$

ここで，P = 作用荷重〔kN〕，δ = 変位〔μm〕であり，変位は慣用として μm 表示である。なお，大形工作機械では，工作物やテーブルなどの自重も作用荷重として取扱う。

ちなみに，同じ変位基準の設計でも，機種によって異なる構造設計上のノウハウについても留意する必要がある。すなわち，少なくなったとはいえ現在の工作機械には約 30 の機種があり，各機種で構造構成や作用荷重などに違いがあり，それはつぎのように端的に表現されている。

[大形旋盤の設計者といえども，直ちに小形旋盤の設計に従事できるわけではない。]

2.1.2　軽量・高剛性，高減衰能，ならびに小さな熱変形という設計の原則

工作機械には，静荷重のほかに動的な荷重や熱による変形が生じ，それによって加工精度が低下する。そのような変形は静剛性と同様に，本体構造について論じて，そこから以下に述べるように設計の原則を導いて理解する必要がある。

まず，動的な荷重が作用する場合については，本体構造を等価質量 m の物体に置き換え，それが等価ばね定数 k のばね，ならびに等価減衰係数 c のダッシュポットで支えられる数学モデルに置き換えて論じるのが一般的である。すなわち，図 2.11 に示すような機械力学の初歩で学習する一自由度の線形振動系であり，これに強制加振力 $f = f_0 \sin \omega t$ が作用するものとすると，次式が成立する。

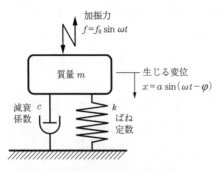

図 2.11　動的荷重下の構造本体の数学モデル

$$m\frac{d^2x}{dt^2}+c\frac{dx}{dt}+kx=f_0\sin\omega t \tag{2.2}$$

強制加振力によって過渡的な自由減衰振動も生じるが，時間が過ぎれば定常振動のみが残り，その振動変位は次式で与えられる．

$$a=\frac{f_0}{\sqrt{(k-m\omega^2)^2+c^2\omega^2}} \tag{2.3}$$

ところで，共振点近傍での振動振幅が「できるかぎり小さいこと」，すなわち動剛性が大きいことが工作機械には望まれる．要するに

$$K_d=\frac{f_0}{a}=m\sqrt{(\omega_n{}^2-\omega^2)^2+4\varepsilon^2\omega^2} \tag{2.4}$$

ここで，$2\varepsilon=c/m$，$\omega_n{}^2=k/m$ である．したがって

$$K_{dcr}=c\sqrt{\frac{k}{m}} \tag{2.5}$$

となり，$\omega \doteqdot \omega_n$ での動剛性 K_{dcr} が大きいこと，すなわち ① 質量が小さい（軽量化），② ばね定数が大きい（高静剛性），ならびに ③ 減衰係数が大きい（高減衰能）こと，が本体構造設計の原則となる[†]．

ところが，多くの場合に本体構造は鋳鉄と鋼で構成され，これら材料は，高剛性のものは減衰能が小さいというように，相反する材料特性を有している．また，静剛性を大きくできる頑丈な構造とすれば，肉厚の構造となって重量が大きくなり，軽量化を実現しにくくなる．要するに，相反する三つの設計属性を巧みにバランスさせる必要がある．

つぎに，熱による変形については，本体構造を構成する大物部品の側壁のモデルで考えてみよう[18]）．

図2.12 は，長さ l，幅 s，ならびに高さ h で底部を固定された側壁の数学モデルである．いま，高さ z の位置で dz なる微小部分を考えると，まず流入熱

[†] 「軽量構造」と「軽量化構造」という用語の違いにも留意する必要がある．前者は，応力基準の設計で「軽量」を図るもので，航空機や新幹線車両が対象となる．後者は，変位基準の設計で「軽量」を図るもので，ことさら「軽量化」と称している．なお，英文技術用語も，前者は lightweight，後者は light-weighted であるので，注意すること．

量は次式で与えられる。

$$Q_z = -\lambda sl \frac{d\theta}{dz} \quad (2.6)$$

ついで，流出する熱量は

$$Q_{z+dz} = -\lambda sl \frac{d\theta}{dz} - \lambda sl \frac{d^2\theta}{dz^2} dz \quad (2.7)$$

また，周辺への放散熱量は

$$Q_k = \alpha 2l(\theta - \theta_u) dz \quad (2.8)$$

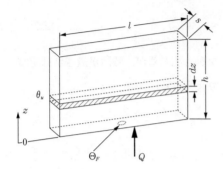

図 2.12 本体構造要素の側壁の数学モデル
(Opitz と Schunck による)[18]

ここで，α は熱伝達率，λ は熱伝導率，θ_u は周辺温度

微少部分での熱量のバランスを考えると

$$Q_z = Q_{z+dz} + Q_k \quad (2.9)$$

したがって，温度変化に関わる次式が得られる。

$$\frac{d^2\theta}{dz^2} - \frac{2\alpha}{\lambda s}\theta = -\frac{2\alpha}{\lambda s}\theta_u \quad (2.10)$$

ここで，$\theta - \theta_u = \Theta$ と置き換え

$z = 0$ にて $\quad \theta = \Theta_F$

$z = h$ にて $\quad \dfrac{d\Theta}{dz} = 0$

なる境界条件のもとでは，高さ z の位置での熱による伸び Δz は

$$\Delta z = \int_{z=0}^{z} \beta \Theta dz \quad (2.11)$$

で与えられる。ここで，β は線膨張係数，Θ_F は側壁底面の温度

すなわち

$$\Delta z = \frac{\beta \theta_F}{e^{m^*} + e^{-m^*}} \cdot \frac{h}{m^*}(e^{-m^*(1-z^*)} - e^{m^*(1-z^*)} - e^{-m^*} + e^{m^*}) \quad (2.12)$$

ここで

$$m^* = \sqrt{\frac{2\alpha h^2}{\lambda s}}, \quad z^* = \frac{z}{h}$$

Δz の式からわかるように，m^*（ビオー数）が大きいほど，すなわち「薄肉構造」のほうが熱変形は小さくなる。なお，実際の構造設計では，「力学的および熱的な境界条件」，特に構造本体からの「熱放散」に未知のことが多く，熱変形の正確な予測を難しくしている。

2.1.3　構造設計の三大属性——高速性，高精度化，ならびに重切削性

社会の多種多様な加工要求に応じるためには，それらに適切に対応できる機能・性能を工作機械に具備しなければならない。そして，それは大きく，高速性（高速で加工できる能力），高精度化（高い加工精度を実現できる能力），ならびに重切削性（一度に大量の切りくずを除去できる能力）の三つに集約される。なお，重切削性の場合，アルミニウム合金製航空機部品の加工にみられるような「単位時間当りの切りくず除去量の最大化」も含まれる。

これら三つの属性はたがいに相反する特性を有している。例えば，高速加工では，大きな熱が発生しやすいので，生じる加工抵抗は小さいものの，高精度な加工は難しく，その一方，主軸の伝動トルクも小さいので重切削はできない。もちろん，重切削では大きな加工抵抗が作用するので，高精度な加工は難しく，また，大きな伝動トルクが必要であるので，一般的には高速切削は行えない。

これに対して，三つの属性間で巧みにバランスをとって好適な状態とする設計ができるのは，日本とドイツのメーカである。ちなみに，二つの属性の間でバランスをとって好適な設計のできるのは，韓国，台湾，スペインなどであり，中国と印度のメーカは一つの属性を考慮した設計ができるレベルである。要するに，三大属性のいずれの組合せに対処できるかで各メーカの力量を判断できる。

ところで，この三大属性の違いは主軸の軸受配置と主軸受の種類をみるとわかりやすい。すなわち，多くの軸受メーカは

① 剛性の高い主軸

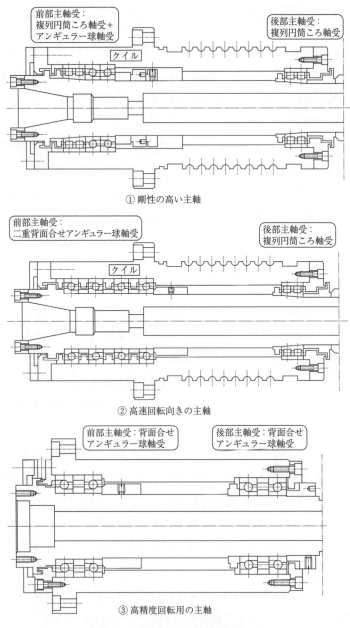

図 2.13 主軸構造にみる三大設計属性の違い

② 高速回転向きの主軸

③ 高精度回転用の主軸

を図 2.13 のように例示した図から三大属性の違いが把握できるであろう。

以上の説明でわかるように，工作機械の構造設計の難しさは，まず「許容変位基準」であること，ついで「相反する設計属性」を巧みにバランスさせることにあり，工学技術で一般的に取り扱われる「最適化問題」とは大きく異なる側面を有している．すなわち，「最適化」ではなく「好適化」が目標となる点を銘記すべきである．

2.2　工作機械の形状創成運動と案内精度

2.1 節で述べた設計の原則に従って「変形の小さい構造本体」が実現できたとしても，それだけで部品を加工要求のとうりに仕上げることはできず，同時に「正確な形状創成運動」の具現化も必要である．要するに，一組の大物部品が「直交座標軸の軸方向に正確な直線運動」，また「各軸周りに正確な回転運動」を行い，いくつかの大物部品の相対運動の組合せで「正確な部品形状の創成運動」が得られるように本体構造を設計しなければならない．別の表現をすれば，「いかなる静的，動的，ならびに熱的な荷重の作用下でも正確な形状創成運動を実現できる変位基準」が工作機械の設計原理となる．

この形状創成運動では，最終的には工具と工作物の接点にみられる相対運動に注目することになり，その相対運動も使われる工具の種類と工作物の形状の組合せでいろいろと変わる．例えば，円筒部品の「外丸削り」では，図 2.14 (a), (b)に示すような多種多様な形状創成運動が実用に供されているので，図に同時に示すように，「階層構造」で区分けして理解するのがよいであろう．また，図には主軸側と工作物側の運動軸を区別して，それら運動の座標軸の組合せで表現される形状創成運動，すなわち「工作機械の機能記述」に準じた「加工方法の記述」も同時に示している（座標軸については図 2.2 参照）．なお，ターンミーリングは，フライスの切刃が円筒形状の工作物の外周面，あるいは

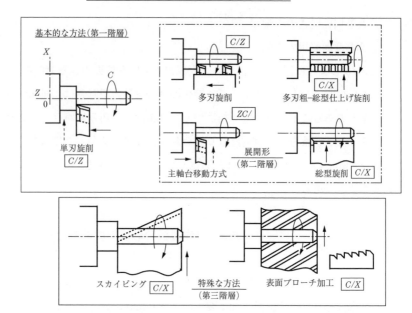

(a) 固定工具による外丸削りの基本的な方法，その展開形，ならびに特殊な方法

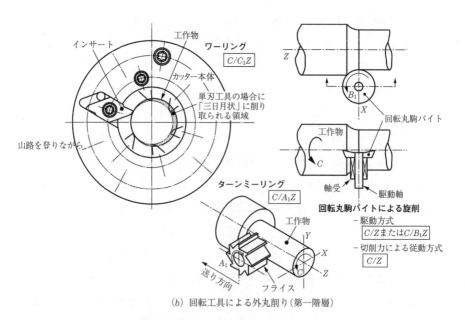

(b) 回転工具による外丸削り（第一階層）

図 2.14 固定および回転工具による外丸削り

側面を削り取るかによって，さらに細分類される†。

要するに，図 2.14 について説明すれば，工作物を回転させる主軸が「その軸心周りに正確な回転運動」，また，切削工具を取り付けた刃物台が「主軸に沿って正確な直線運動」を行うことが必要不可欠となる。そこで，「主軸の回転精度」および「刃物台の送り精度」が問題となり，それを**案内精度**と呼んでいる。この案内精度は，回転精度に比べると一般的に設計が難しい直線運動で論じられ，「三つの案内精度」が規定されている。また，「ナローガイドの採用」と「移動体の転倒モーメント最小化」が設計の原則となる（2.3.3 項参照）。

2.3 汎用 NC 工作機械の主要な構造構成

それでは，構造設計の基礎知識を「どのように具体的な構造構成へ展開するか」について述べることにする。また，工作機械の設計は，一般的に大物部品を主体とするユニットごと，すなわち，ベッドやベース，主軸および主軸頭，テーブルおよび送り駆動機構などに分けて行われることを考えて，「本体構造」，「主軸および主軸駆動系」，ならびに「案内面と送り駆動系」について説明しよう。ちなみに，一台の機械は数人からなるチームで設計されることが多く，それを統率する設計主務の力量が設計結果の良否を定めることにも留意すべきであろう。

ところで，構造構成を具体的に述べるとなると，設計の原則を実際の設計業務に役立つようにさらに詳しく吟味する必要がある。要するに，構造構成の具体化に際しては，つぎの三点が巧みに融合され，考慮されていることに注意すべきである。

---

† 形状創成運動を論じる際に用いる座標軸は，用途に応じて任意に設定できるが，図 2.2 に示したように，数値制御の座標軸と一致させるほうがなにかと便宜である。また，工作機械の記述，それに準じた加工方法の記述，ならびに工作機械と加工方法の記述（加工空間の連環）の工程設計への応用という，さらに専門深化した学識を習得したい読者は，参考文献 2)，10) のほか，以下の書籍を参照のこと。
Y. Ito and T. Matsumura, Theory and Practice in Machining Systems, Springer Nature, Switzerland (2017)

① NC化の利点を積極的に生かす方向：NCの採用によって，加工方法や能力の柔軟性（flexibility）の増強，生産性や無人化率の向上，加工された部品の品質の安定性および均一性の確保などいろいろの面で利するところが多く，それらを考慮した構造構成が使われていること．
② 在来形としてもNC化されても技術として当然の発展方向：社会の加工要求の高度化に伴って進展している「高速性」,「高精度化」，ならびに「重切削性」へ対応できる構造構成の実用化．
③ 他産業に依存するユニットや核となる部品の進歩とそれらの採用による構造構成の高度化：典型的な例は，主軸受用転がり軸受やリニアガイドの高度化に伴って実現したアルミニウム合金製航空機部品の高速加工用の機種．

以下では，これらも含めて代表的な構造構成の事例を紹介する．

2.3.1 本体構造

機械の骨格をなす本体，すなわち「大物部品の集積体」には，すでに図2.2および2.3に示した大物部品の中で，ベース，ベッド，コラム，クロスレール，テーブルなど，また，これらの結合部が該当する．これらは主として「鋳造構造」，あるいは「鋼板溶接構造」で作られ，場合によっては「レジンコンクリート構造」で作られる．また，所期の機能・性能を実現すべく，そのほかに**図 2.15**に示すような材料も使われる．図中のポーラス材を除くと，いずれの材料も「剛性と減衰能が相反する特性」の関係にあり，本体構造の設計を難しくしている．なお，「鋼板接着構造」は，基本的に剛性と同時に減衰能も大きくできるが，接着部の長期にわたる信頼性に不安があり，基礎的な研究は相当に行われているものの，実用化は遅々として進んでいない（結合部については，*2.4*節のモジュラ方式を参照）．

ここで，コンクリート構造について少し触れておこう．コンクリート製本体構造は，古く第二次世界大戦中のドイツや旧ソ連を中心に使われていた[22]．これは，爆撃によって破壊された工作機械の早急な復旧によって兵器生産能力の維持を図ったものであり，一般的なセメントコンクリート製であった．そし

2.3 汎用 NC 工作機械の主要な構造構成

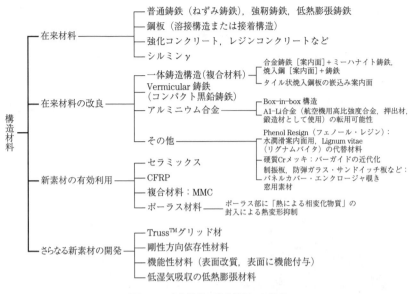

図 2.15 本体構造の構成材料の一覧表

て,その後の強化コンクリートやレジンコンクリートの普遍化によって,1990年代には本体構造の構成材料として第三の地位を占めている.このように,コンクリートが構成材料として用いられる理由はつぎのとおりである.

① ほかの材料に比べると大きなコンクリートの内部減衰能による動剛性の向上:これまでの実用例によれば,機械に作用する振動の高周波数成分の除去に効果のあることが確認されていて,その効果は特に加工点近傍の構造要素に採用すると顕著である.ただし,静剛性を確保するために構造が肉厚になるので,例えば発泡スチロールの封じ込めによる空間の確保という軽量化の工夫が必要である.

② コンクリートの有する大きな「**熱慣性** (thermal inertia)」,すなわち「暖まり難く,冷め難い」という材料特性の積極的な利用:加工要求の性質上から起動および停止が頻繁に行われる NC 旋盤や TC への採用例が多い.

③ レジンコンクリートでは,骨材であるグラナイト(花崗岩)の砕石と結合材であるエポキシ樹脂の混合割合で熱的な特性を制御できること

(Catalog of Präzisions-Granitan AG, 1985)：「グラニタン」という商品名で広く市販されていることもあり，精密な仕上げ加工を行う TC や研削盤に使われていて，特に Studer 社製の研削盤での使用例は有名である。**図 2.16** は，セメントコンクリート製ベースとグラニタン製ベッドを組み合わせて使用した TC の例であり，図に同時に示すように，大きな振動抑制効果が得られている。

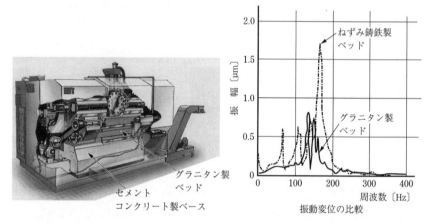

図 2.16 グラニタン製ベッドを採用した TC（HES 型，Ernault-Toyoda 製，1980 年代後半）
（豊田工機の厚意による）

それでは，鋳造構造と鋼板溶接構造に的を絞って本体構造の構成をながめてみよう。

機械の骨格を構成する本体構造では，いろいろな作用荷重のうちで曲げ荷重とねじり荷重が問題となる。そして，原則として ① 曲げ荷重に対しては，断面二次モーメントを大きく，また，② ねじり荷重に対しては「閉鎖断面形状」とするように構造設計を行う。この際に，「変位基準の設計原則に従えば大きくなる外径寸法をできる限り小さくまとめなければならない」という制約があるうえに，薄肉構造としなければならない。

そこで，限られた外径寸法のもとで所要の剛性を具備させるために補強構造要素，すなわち「二重壁構造」，「セル構造」，「隔壁」，「横つなぎ」，「補強リブ」

2.3 汎用 NC 工作機械の主要な構造構成

などを適切に薄肉構造に配置することになる†。ここで，これらの補強構造要素は，薄肉構造に生じやすい「ドラム効果」，例えば側壁が太鼓を打ったときのように振動する現象を防止する目的もある。なお，2.1 節の説明からもわかるように，薄肉構造は熱変形の低減にも役立つ対策であるが，実用に供されている熱変形低減策は**図 2.17** のようにまとめられ，構造構成材料や構造形態面からの対策だけでは不十分なことを認識しておく必要がある（図 5.12，図 5.13 参照）。なお，構造形態面からの熱変形低減策は，「熱変形最小化構造」，「熱変形無拘束構造」，ならびに「熱変形不感構造」に細分される。

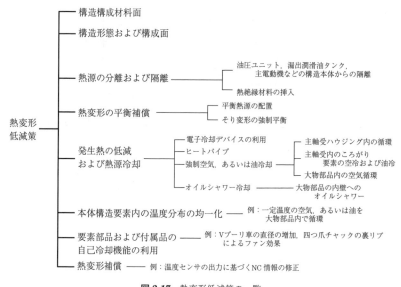

図 2.17 熱変形低減策の一覧

さて，典型例として，**図 2.18** に在来形治具中ぐり盤のコラムの断面を示してあり，前述の補強構造要素の配置や使い方などがよくわかるであろう。また，二つの柱状に配置されたコラムの間を主軸頭が主軸端からみて左右対称で

---

† セル構造は，「隔壁で囲まれた小さな閉鎖，あるいは半閉鎖空間（コンパートメント）」であり，これの集積として大物部品を構成すると大きな剛性を得やすく，また，局部変形を防止できる。ただし，鋳造構造では，砂落しの関係で一般的に製造コストが高くなる。

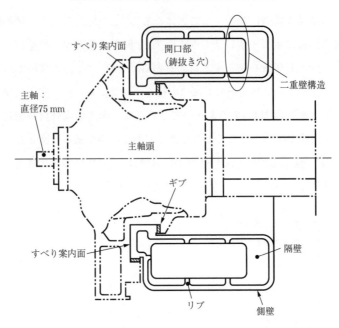

図 2.18 治具中ぐり盤の「双柱形単コラム」の構造（75N 型，Dixi 社製，1960 年代）

上下運動する形は，幾何学的と同時に熱的にも対称な構造形態を実現しやすい．これは，「双柱形単コラム」と呼ばれるもので，在来形の時代には高い加工精度を設計仕様とする機種に使われていた[†]．したがって，加工要求の高度化とともに，現今の横形 MC の普遍的な構造形態となっている．

ところで，これら補強構造要素のうちでは，二重壁構造とセル構造が効果的であるので，できる限り「閉鎖断面」を実現する目的で両者を併用することも多く，図 2.19 に示す MC のベースは典型例である．その一方，「二重壁構造」や「セル構造」を有する本体構造を鋳造するには時間と費用がかかるので，製

[†] メーカによっては，「門形コラム」と呼んでいることもある．しかし，門形コラムは，本来は五面加工機やガントリー形 MC のように，幅広いテーブルの左右にコラムが対で配置される構造を表す用語である．在来形の時代には，横中ぐりフライス盤のように，主軸頭が一つの柱状のコラムを上下運動する場合に，「単柱形コラム」と呼んでいたが，いつの間にか死語となった．ここでは，混乱を避けるために古い時代の用語を復活させている．

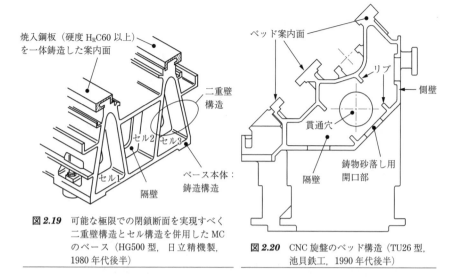

図 2.19 可能な極限での閉鎖断面を実現すべく二重壁構造とセル構造を併用した MC のベース（HG500 型，日立精機製，1980 年代後半）

図 2.20 CNC 旋盤のベッド構造（TU26 型，池貝鉄工，1990 年代後半）

造が容易な鋼板溶接構造が採用されることも多い．ここで，理解を深めるために，**図 2.20** には CNC 旋盤のベースを示してある．図中の隔壁はベッドの長手方向に一定の間隔で設けられていて，在来形旋盤の「横つなぎ」と同じ役割を果たしている．また，「鋳物砂落し」用の開口部が閉鎖断面の実現のうえで大きな障害になること，ならびに図 2.18 と比較してみると，形状創成運動の違いが構造構成の違いとして顕在化していることもわかるであろう．

このように，本体構造の形態，そのなかでの補強構造要素の配置などは機種によって大きく異なってくる．したがって，同じ MC でも立形 MC では，コラムの外壁部に設けられた案内面に沿って主軸頭が上下運動を行うので，コラムを閉鎖断面形状とすることが容易であるうえに，案内面近傍を二重壁構造やセル構造として案内精度を確保できる．これに対して，横形 MC では双柱形コラム内を主軸頭が上下運動を行うので，コラム全体を閉鎖断面形状とすることが難しいので，各柱部分を個別に「二重壁構造」にするとともに，主軸軸線方向に長い「長方形状断面」とする対策を施している（図 2.18 参照）．

以上のように，本体構造の設計では適切な形状・寸法の補強構造要素を適切に配置して，高い静剛性と減衰能，ならびに小さな熱変形を実現することが重

要である。そこで，現今では有限要素法（FEM：Finite Element Method）を用いた数値計算や数値シミュレーションで必要な設計作業を行っている（5.2節参照）。ちなみに，古くは解析解や模型実験などで基本形に対する補強効果を定量化した「設計補助データ」を整備して，それらを参考に設計を行っていた[23],†。

それでは，最後に本体構造について習得しておくべきさらなる知識を紹介しておこう。

〔**1**〕**工業デザインの積極的な採用で変化してきた「板金カバー設計」-トータルエンクロージャの熱変形への影響**　　工業デザインの効用も期待して「トータルエンクロージャ」の採用が普遍化してきているが，その工作機械の性能への影響はほとんど明らかにされていない。一台の機械本体をエンクロージャで囲うのであるから大きな影響があるはずであるが，定性的に「熱がエンクロージャ内に籠る悪影響」がある，あるいは「エンクロージャそのものが放熱板となって機械本体の熱変形が低減」するといわれているにすぎない。ちなみに，パソコンでは筐体を放熱板として利用して，良い効果を得ているともいわれている。

そのような状況の中で Jędrzejewski ら[14]は高速切削用工作機械におけるエンクロージャの影響を研究していて，**図 2.21** に示すような主軸の挙動を報告している。ここで，Z 軸は主軸軸線方向であり，図にみられるように，部分およびトータルエンクロージャの設置は Y および Z 軸方向の変位挙動に大きな影響を及ぼしている。要するに，エンクロージャ内に熱がこもることによって主軸変位が大きくなること，また，本体構造の温度は環境温度の変化に一定時間遅れて現れることなどが示されている。

---

† 大物部品は，多くの場合に「箱形梁」に曲げ荷重，ねじり荷重，ならびにモーメントが作用する問題として解析でき，その際の変形計算式は 1960 年代に数多くの研究が旧ソ連を中心に行われた。それらの成果は，例えば下記の書籍にまとめられている。
V. V. Kaminskaya, Z. M. Levina, D. N. Reshetov, Bodies and Body Components of Metal Cutting Machine Tools, Calculation and Design, Mashgiz (Translated by MTIRA, England) (1960)

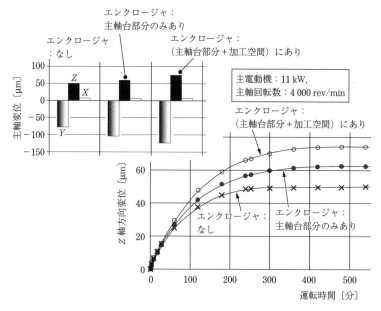

図 2.21 エンクロージャの旋盤主軸の熱変形に及ぼす影響（Jędrzejewski の厚意による）[14]

その一方，工業デザインの採用を販売戦略の一つの柱とする動きも普遍化していて，**図 2.22** に DMG（Deckel–Maho–Gildemeister）社製 MC（最高主軸回転速度：42 000 rev/min）の例を示している。この MC は，その洗練された外観，すなわちエンクロージャの工業デザインで高い評価を得ていて，工業デザインの汎用 MC および TC への採用を特に日本で改めて刺激したと思われる。

2010 年代半ばでは顕在化していないが，まずエンクロージャを手始めに，将来的には工作機械は ① 製品設計技術，② 工業デザイン，ならびに ③ 生産文化的側面の巧みな調和を考えて

図 2.22 工業デザイン面で高い評価を得ている立形 MC（ULTRASONIC 20 linear 型，2007 年）（DMG 社の厚意による）

設計しなければならないであろう.その際には,民族によって異なる感性や「好み」の問題,すなわち「あいまいな属性」の定量化に取り組む必要がある.これは,「物つくりは,製品が使われる地域や社会の文化・風土を考えて行うこと」を主張する「生産文化論」の習得の必要性を意味している[1]。

〔2〕 機能・性能の高度化へ対処するための新たな構造構成の開発 − Box−in−Box 構造　加工要求の高度化のなかに,「単位時間当りの切りくず除去量を最大化」する側面からの高速加工がある.これは,例えばマグネシウム合金製の乗用車用ミッションケース,また,アルミニウム合金製の航空機部品の加工でみられ,主軸回転数は 10 000 rev/min 以上で送り速度は 100 m/min 程度という仕様である.このような高速仕様であると,従来の MC の構造では対応が難しいので,ドイツ,Hüller Hille 社は,「Box-in-Box 構造」(Specht 500 T 型)と称する斬新的な本体構造を提唱して,実用化している[21]。

図 **2.23** には,豊田工機械製(Linea M 型;主軸最高回転数　20 000 rev/min,サドル最高送り速度 80 m/min)の例を示してあり,図にみられるように,軽量高剛性で高速化をするための工夫がつぎのように数多くなされている.要する

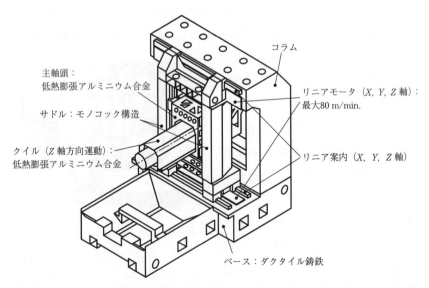

図 **2.23**　軽量化・高剛性構造の典型例(Box-in-Box 構造)(Linea M 型,豊田工機製,1990 年代)

に，加工要求によっては新たな発想の本体構造を開発しなければならないことを示唆する典型例である．

① 高速運動を可能とするために，主軸頭は「枠組み」のみとし，その中にクイル形主軸（ビルトインモータ方式）を「むき出し搭載」するとともに，主軸頭およびサドルはリニアモータ駆動で高速送り．

②「枠組み」構造のサドルは，航空機で使われる「モノコック構造」．

③ 主軸頭と主軸クイルは「低熱膨張アルミニウム合金」製．

〔3〕**ポーラス材の利用**　図2.24には，溶接構造である円筒形状ラムを示してあり，その最大の特徴は円筒側壁の中空部にAlポーラス材を直接的に成長させていることである．これにより，まず減衰能を増加させることができ，さらに成長過程でAlポーラス材内に形成されるマイクロセル状の空隙に「熱蓄積のできる相変化物質」を含浸させることで，熱的安定性の自己制御機能を与えられる．すなわち，ラムの温度が上昇した際には，相変化物質は固体から液体に変わり，ラムを一定温度に保つことができる[16]．

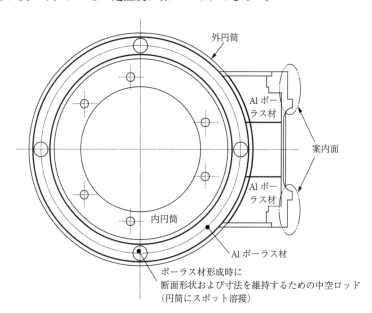

図2.24　Alポーラス材を充填したラム（金型加工用機械）（Merloらによる）[16]

〔*4*〕**在来形の時代に開発された現今でも参考になる著名な構造**　本体構造の設計を論じる際に忘れてはならないのは，在来形の時代に開発された斬新的なアイデアである．時代が変わって採用された機種が消え去るとともに，忘れ去られることも多い．しかし，それらは現今でも十分に実用に耐えるので，設計データベースとして整備しておくほうが望ましいので，以下にいくつかを紹介しておこう（これらの詳細およびほかの例は脚註に記した書籍†を参照）．

まず，一つは初期のGeorge Fisher（+GF+）社製NC旋盤に採用された「三重チューブ状閉鎖断面ベッド」であり，これは鋳造が非常に難しいものの，曲げ剛性と同時にねじり剛性を最大化できる．ちなみに，George Fisher社は，鋳造メーカから工作機械メーカに進出した背景があり，ほかの工作機械メーカが具現化できないような複雑な構造を鋳込む技術で高い評価を得ていた．つぎに挙げられるのは，プラノミラーに採用された「アンプル・リビング」であり，正面フライスによる重切削加工で常用される加工方向に対して，コラムのねじり剛性を最大化できる．

付言すれば，閉鎖断面の具現化を阻害する「鋳物砂落とし」であるが，逆転の発想で「中子砂」をベッドや主軸台に残留させて減衰能を増加させる方策もBöhringer社のNC旋盤で使われていた[20]．

2.3.2　主軸構造と主軸駆動系

2.2節で説明したように，工作機械の形状創成運動は「工具と工作物の相対運動」で与えられ，それは例えばMCの構造でみると「主軸とテーブルの運動の組合せ」となる．要するに，主軸の回転および直線運動，また，場合によっては回転する主軸を収納しているクイルの直線運動は，部品の形状創成の面で重要な役割を果たしている．したがって，主軸の運動形態は主軸構造と主軸駆動系の設計に大きな影響を及ぼす．

さて，工作機械のNC化の最も顕著な影響は，歯車駆動系の大幅な簡素化である．すなわち，サーボモータの採用によってモータの制御のみで主軸回転速

---

†　伊東　誼，工作機械に見る技術の系譜——技術遺伝子論によるアプローチ，日本工業出版（2014）

2.3 汎用 NC 工作機械の主要な構造構成

度の変換ができるようになったほかに，複数のモータの同期運転も非常に容易となった。その結果，三相誘導電動機を主動力源としていくつかの歯車の組合せで主軸回転速度を段階的に変速する仕組み，また，ホブ盤のように工作物と工具の回転を同期させてインボリュート曲線を歯車による確動機構で創成する仕組みは不要になった。ただし，重切削用の主軸の場合には，モータの最大トルクでも不十分なことがあり，1段，あるいは2段の歯車減速装置を介して主軸を駆動することもある。したがって，現今の汎用 NC 工作機械の主軸構造と主軸駆動系は，図2.3に示したように，「主軸ユニット」として論じるほうが理解しやすい。例えば，MC の主軸頭本体は非常にコンパクトとなっており，その側に主電動機が同じくコンパクトに設けられている。

さて，主軸ユニットは，主軸頭（主軸台），主軸，速度変換機構，ならびに主電動機からなっていて，一般的に主軸はクイル構造であり，主軸頭に固定する，あるいは軸方向運動が可能な形で組み込まれている。さらに，加工機能の集積が進むとともに，**図 2.25** に示すように，ミルターンの加工空間にコンパクト化した MC の主軸頭や研削主軸頭を設置することも行われている。しかし，いずれの場合にも主軸構造は，主軸とそれを支える主軸受で構成されているという基本にはなんらの変わりはない。

ところで，主軸受には①すべり軸受，②転がり軸受，ならびに③静圧軸受のいずれかが使われる。これらのうち，「すべり軸受」は主軸の回転に伴う潤滑油の「くさび作用」によって生じる油膜圧力で主軸を支える方式である。限定された回転数の範囲で高い油膜剛性と同時に，油膜による高い減衰能が得られるので，超精密工作機械に用いられていた。しかし，この点が逆に欠点となり，加工要求の高度化とともに，超精密工作機械の主軸も静圧支持方式となり，現今ではわずかにベッド案内面研削盤で使われているにすぎない。

ここで注目すべきは，「すべり軸受」の利点をさらに強化すべく開発された「非真円軸受」であり，多くの場合に弾性変形しやすい断面形状の軸受金をテーパブッシュ状として締め上げて，潤滑油膜圧力の大きさと分布の最適化を図っている。また，主軸には窒化肌焼き鋼のような材料を用いて，軸受金との

研削主軸頭の装着状態

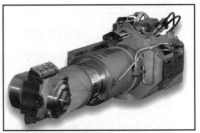

フライス主軸頭（旋削用工具座付き）

フライス主軸頭による加工の情景

図 2.25 ミルターンのフライス主軸頭と研削主軸頭の装着（R 系列）
(Index 社の厚意による，2016 年)

望ましい組合せを考えている．ちなみに，非真円軸受は，在来形研削盤で多用され，Lindner 社，Blohm 社，Landis 社などで数多くの工夫がなされていて，特にマッケンゼン（Mackenzen）の軸受が有名である．

これに対して，静圧軸受は外部より供給される一定圧力の空気，あるいは油によって主軸を同一軸心位置に浮かせて回転させる方式である．これによって，高い静剛性と同時に大きな減衰能が得られ，すべり軸受や転がり軸受にない特徴，例えば自己軸心位置保持機能や軸受製作誤差の平滑化作用を有している．そこで，超精密工作機械や大きな荷重を支える必要のある大形工作機械で使われている（2.3.3 項も参照）[†]．

[†] すべり軸受については，O. Pinkus, B. Sternlicht, Theory of Hydrodynamic Lubrication, McGraw–Hill, New York (1961) を参照．また，静圧軸受については，H. C. Rippel, Design of Hydrostatic Bearings, Parts 1–10, Machine Design. (Aug. 1～Dec. 5, 1963) を参照．

2.3 汎用NC工作機械の主要な構造構成

ところで，汎用NC工作機械では，すべり軸受や静圧軸受に比べると，取扱いが簡便な転がり軸受が多用されている．しかも，転がり軸受の機能・性能の向上は著しく，この傾向が促進されているので，ここでは転がり軸受で支えられる主軸について述べることにする．そこで，**表2.1**に主軸系を設計する際に考慮すべき主たる属性をまとめてある．

なお，現今では主軸を3箇所で支える「三点支持方式」を採用することはまれであるので，ここでは2箇所で支える「二点支持方式」を前提として説明を行っている．

表2.1 主軸系の設計で考慮すべき主たる属性

主軸系全体	主軸最大許容トルク，熱変形対策， アンバランス調整方法，潤滑システム（漏油対策を含む）， 軸受部密封対策（オイルシール，ラビリンスシールなど）
軸受関係	前部主軸受直径， 軸受の種類と配列方法 – 前部主軸受 + 後部主軸受 （構成と組合せ）， スラスト荷重の支持構造および調整方法， 予圧調整方法，主軸受の組立・分解方法
主軸関係	主軸端の形状・寸法および剛性， 主軸テーパ穴の種類，寸法および貫通穴径， 主軸後端部テーパ穴，または後端部アダプタ取付け基準， 主軸の材質および仕上げ方法（一般的には，合金鋼を使用）
主軸駆動系 – 主電動機および伝動方式	ビルトインモータ方式，主電動機直結方式， 主電動機別置き方式 – 歯車伝動，ベルト伝動など， フローティング装架， 伝動歯車列 – 主軸へ直接装架， （キー，スプライン，ポリゴン接合などによる） 伝動歯車の種類 – すぐ（直）歯，はす（斜）歯， あるいは山歯（一般的にはインボリュート歯形）

表2.1には，考慮すべきいろいろな設計属性が大項目とその詳細として挙げられているが，それらのなかで第一義的に重要であるのはつぎの四つである．

① 主軸最大許容トルク
② 主軸に作用する半径方向荷重（ラジアル荷重）と軸方向荷重（スラスト荷重）の支持に関わる前部主軸受と後部主軸受の役割分担．具体的には，前部主軸受および後部主軸受を構成する軸受の種類，組合せ，ならびに配列を決める設計作業となる．
③ 仕上げ面品位および熱変形最小化とも関係して，上記のうちで特にスラ

スト荷重の支持方法

④ 主軸系の剛性を簡便に判断する指標として「前部主軸受直径」。旋盤系の場合には，基本設計の段階で主軸の曲げ静剛性を簡便に計算する上で古くから Schenk の式が知られていて，その式ではつぎのように前部主軸受内輪内径が代表寸法である。

$$R = 530\left(\frac{D^4 - d^4}{l^3}\right) \qquad (2.13)$$

ここで，R：主軸の剛性〔kg/μm〕，D：主軸の平均直径，通常は前部主軸受内輪内径〔cm〕，d：主軸貫通穴径〔cm〕，l：軸受間距離〔cm〕。ちなみに，R の値は，1940 年代には 25〜50，1960 年代には 50〜100 ぐらいであった。ただし，最近の数値についてはなんらの報告もみあたらないので，使用する際には別途検証する必要があろう。

〔**1**〕**主軸構造および主軸受**　さて，工作機械の三大設計属性，すなわち「高速性」，「高精度化」，ならびに「重切削性」に対応すべく主軸構造も設計されていて，これら属性に個別に対応する設計例はすでに図 2.13 に示した。したがって，このような基本的な主軸構造を参考に，実用に供されている主軸構造が「どのように三つの属性，あるいは二つの属性に対して好適に設計されているのか」を習得する必要がある。その際に留意すべきは，見掛け上では同じ軸受を用いて同じ軸受配列にもかかわらず，軸受自体の性能向上によって好適化がなされている場合である。

 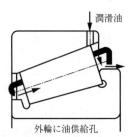

リセス付き転送面　　　　　　　外輪に油供給孔
重切削旋盤用：　　　　　　　　TSRC 型（日本精工製）：
dn 値 30 万（1970 年代）　　　dn 値 180 万（1990 年代後半）

図 2.26　円錐ころ軸受の性能向上の例

図 **2.26** には，重切削用の主軸に多用される円錐ころ軸受にみる性能向上の例を示してある。すなわち，リセス付き転送面として，重切削性に高速性を加味した1970年代の試みでは dn 値[†]が30万であったにすぎなかった。ところが，応力集中と潤滑方法の改善，具体的には「材質の改良」，「内部幾何形状の最適化」，ならびに「表面仕上げの改善」によって，1990年代後半には dn 値が180万となっている。要するに，「重切削性」と「高速性」の好適さが軸受自体の進歩で達成されている。

　このような好適化は，異なった種類の軸受の組合せ，例えば転がり軸受と静圧軸受の組合せで達成しやすく，すでに1970年代に実用に供されている[15]。この例では，dn 値は300〜400万であり，高速性と高精度化を好適化できると思

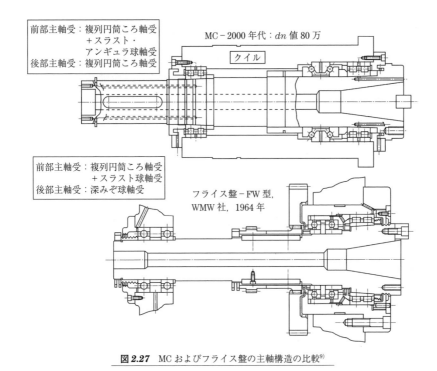

図 2.27 MC およびフライス盤の主軸構造の比較[9]

[†] dn 値とは，軸受の内輪内径〔mm〕×回転数〔rev/min〕で与えられ，軸受の性能評価指数の一つ。

われる。また，直接的ではないが，熱変形を小さくできる「薄肉軸受」を採用して，高い剛性と同時に高速性の実現を図る試みもなされている[19]。

ところで，図2.13にはNC工作機械の主軸を示してあるが，ここで特にMCと在来形フライス盤の主軸を比較したものを**図2.27**に示しておこう[9]。周知のように，在来形フライス盤は，MCの原型機の一つであり，主軸最高回転数はMCの方が数段と高くなっているものの，主軸構造がよく似ていることがわかるであろう。ここで，改めて図2.13および図2.27をみると，前者では前部主軸受に配置されたアンギュラ−球軸受，また，後者ではスラスト・アンギュラ球軸受，あるいはスラスト球軸受で主軸に作用するスラスト荷重を支えている。このように，一般的には前部主軸受でラジアル荷重と同時にスラスト荷重を支えること，すなわち梁でいえば固定端条件に等しい支持条件を満足させるのが主軸設計の原則である。これによって，加工空間側の主軸端の剛性を高くするとともに，主軸に生じる熱変形を主軸後部に向けて逃がすことができる。

〔2〕**主軸駆動系**　主軸を駆動する方法，すなわち主軸駆動系としてはつぎの三つの代表的な方式がある。

① 主軸直接駆動方式：主電動機のロータを主軸に直接装架する「ビルトインモータ」方式。
② 主軸の後端部に主電動機を直接装架する方式。
③ 主電動機別置き方式：主軸頭とは別のところに主駆動電動機を据え付けて，一般的に変速機構を介して主軸に動力を伝える方式。

在来形の時代には，三相誘導電動機を主動力源としてベルト，チェーン，歯車などの動力伝動機構を用いて変速を行い，主軸に広範囲の回転速度（速度域）を与えるのが主流であった。ただし，ビルトインモータ方式（電動主軸方式と呼称）を使っていたタレット旋盤，また，主軸頭後端部に主電動機を装架していた横中ぐりフライス盤もあった。要するに，サーボモータの特性が直接的に影響するビルトインモータ方式が多用されていることを除けば，主軸，主軸駆動系，ならびに主電動機の配列形態は在来形の時代と大きくは変わっていない。

図**2.28**(a)および(b)には，歯車変速機構を組込んだ方式とビルトインモータ方式を模式化して比較してある．図を一目見ればわかるように，ビルトインモータ方式の方が構造を単純化できて，望ましい方向である．しかも，スイス，IBAG Zürich 社が市販している「能動形磁気軸受支持高周波モータ組込み主軸」のように，50 000 rev/min という高速で回転させながら，主軸を偏心，傾斜，さらには軸方向に振動させるという機能を付加できることにも目を配る必要がある．ただし，主軸剛性は，転がり軸受支持の場合よりも一桁小さくなる．

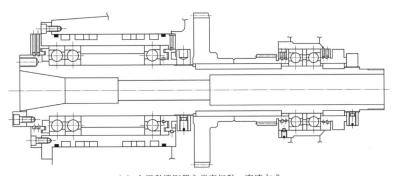

(a) 主電動機別置き歯車伝動・変速方式

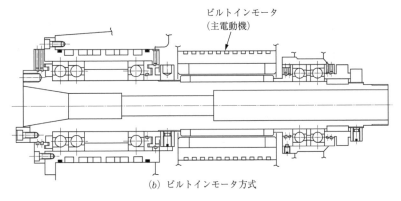

(b) ビルトインモータ方式

図**2.28** MC の主軸および主軸駆動系（歯車伝動・変速方式とビルトインモータ方式の比較）

問題は，サーボモータの定格トルクの値であり，一例として図**2.29**には，AC サーボモータ駆動される CNC 旋盤の主軸回転速度と主軸トルクの関係を示

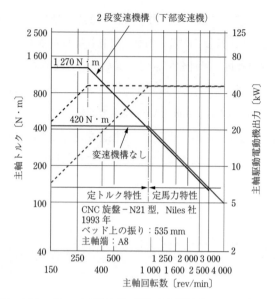

図2.29 AC サーボモータ駆動主軸の特性（電動機出力 46 kW（60 % ED））

している。図にみられるように，現状では大きなトルクが必要な場合には，一段，あるいは二段の減速歯車機構が必要となる。また，工作機械では振動のない駆動機構とする必要があるが，じつはモータも一つの振動源である。モータは電磁鋼板（珪素鋼板）を積層して作るので，磁気振動が生じるうえに，回転子では「不釣り合い」による振動も加わる。そこで，使用するサーボモータの振動階級に留意する必要がある[†]。さらに，主軸にモータの回転子を「焼き嵌

表2.2 ビルトインモータの技術課題の例

① ロータ（積層珪素鋼板をアルミニウム合金でダイカスト）の主軸への焼きばめ技術：磁気振動の防止
② ロータのダイカストの際の「ポーラス化」防止
③ ロータ，エンドリング，ならびに軸受のバランス取り
④ ヒステリシス損失および風切り損失によるロータの温度上昇

[†] モータが無負荷状態，また，定格回転数で運転されているときの軸部の全振幅で振動階級は決められている。例えば，V10 と表示されていれば，振動振幅は 10 μm である。詳しくは，「サーボモータの振動階級」−電気学会・電気規格調査会標準規格 JEC-37 を参照。

め」するので，それに伴う**表2.2**に示すような問題もビルトインモータ方式には存在することも考えておくべきである。

ところで，図2.29の主軸回転数が低いところでは定トルク特性であり，ある回転数以上では定馬力特性となっている．定馬力特性の領域では，主軸回転数が低くなるにしたがって使用可能なトルクが大きくなる，すなわち重切削ができることになる．ここで，定トルク特性の領域が「主軸最大許容トルク」の値を示し，その値を大きく設定するために変速機構が用いられている．

「主軸最大許容トルク」は，主軸系の設計の際の重要な属性の一つであり，「定馬力-定トルク特性」を切り換える回転数は，在来形と同じ原理で定められている．ただし，在来形では変速歯車機構の設計時に考慮するのに対して，NC工作機械ではモータそのものの特性の設定で対応することが多い．そして，この主軸最大許容トルクを設定する考えは，在来形の主軸駆動系の設計原理をみるとわかりやすい．在来形では，三相誘導電動機を主動力源として，歯車変速方式と組み合わせて広い範囲にわたって主軸の回転数を変えられるようにして

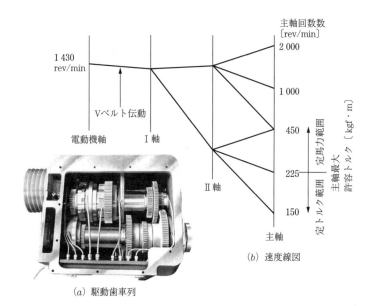

図**2.30** ラム形タレット旋盤の駆動歯車列と速度線図（4R型，日立精機，1960年代）

いた（広速度域の主軸）。**図2.30**に，タレット旋盤の変速状態を示す簡素化した「速度線図」を示す。ここで，速度線図中の主軸速度 225 rev/min のところの主軸駆動トルクの位置に「主軸最大許容トルク」と表示してあるように，要求される機能および性能を勘案して設計上のトルクの最大許容値を決めている[†]。

要するに，主軸回転数を低くすればする程，大きなトルクを使用可能であるが，そうすると主軸の直径が大きくなるだけではなく，変速歯車や歯車箱本体も大きくなる。そこで，要求仕様も勘案の上，機械全体のバランス上でも好適な機械構成とするために主軸最大許容トルクを決めている。もちろん，主軸最大許容トルクの値は企業秘密であり，見かけ上は同等の仕様でも，競合他社との市場競争で有利となるように，この値を設定している。

ここで，最後に主軸の起動および停止時間の算出方法に触れておこう。MC系や大形工作機械では長時間にわたる加工が多いので問題になることは少ないが，TC系では加工時間が短い部品が対象となることが多い。となると，機械の起動および停止が頻繁に行われ，起動および停止時間の短縮が設計の際に問題となる。そこで，重力単位系の慣性モーメントである GD^2 なる指標を使って電動機の起動時間を算出する方法を以下に示しておこう。

全負荷時の電動機起動時間を t_F とすると

$$t_F = \frac{GD^2 n_0}{375 T_{Am}} \, [\text{sec}] \qquad T_{Am}：電動機の平均加速トルク$$

または

$$t_F = \frac{GD^2}{375} \int_0^{0.98 n_F} \frac{dn}{T_A} \, [\text{sec}]$$

[†] 在来形で主軸最大許容トルクを論じるときには，歯車変速機構の構成を示す「展開平面図（歯車列図）」，ならびに変速状態を示す簡素化した「速度線図」を用いた。ここで，「速度線図」は別名がゲルマール線図と呼ばれ，これは等比級数にしたがって歯車列を構成すると合理的な変速歯車機構の設計ができることを学位論文で提唱した Germar にちなんでいる。
R. Germar, Die Getriebe für Normdrehzahlen. Dissertation, Königliche TH Charlottenburg（現在のベルリン工科大学の前身）(1932).

$$T_A = \frac{2\pi}{60} \cdot \frac{GD^2}{4g} \cdot \frac{dn}{dt} = \frac{GD^2}{375} \cdot \frac{dn}{dt} \; [\text{kgf} \cdot \text{m}] \tag{2.14}$$

ここで，加速トルク $T_A = T_M - T_L$〔kgf·m〕，電動機駆動トルク T_M〔kgf·m〕
負荷の回転に必要なトルク T_L〔kgf·m〕，回転速度 n〔rev/min〕
電動機および負荷のフライホイール効果 GD^2〔kgf·m〕
位相遅れなしのときの電動機回転数 n_0〔rev/min〕
全負荷時の回転速度 n_F〔rev/min〕

また，円板，あるいは円筒形状の場合

$$GD^2 = \frac{1}{2} WD^2 \tag{2.15}$$

ここで，W：重量〔kgf〕，D：直径〔m〕

〔3〕**主軸端とテーパ穴** TC系であれば，主軸端にはチャック，また，MC系であれば主軸のテーパ穴にドリルやエンドミルという切削工具が装着されることが多い．要するに，主軸端とテーパ穴は工作機械の利用技術と密接に関わる主軸構造の構成要素である．したがって，国際的な互換性が確保される必要

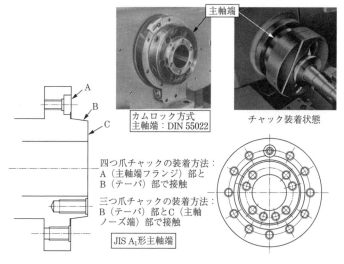

図2.31 主軸端へのチャックの装着方法（1960年代）

があり，これらは多くの場合に規格化されている．図 2.31 には，1960 年代の旋盤用主軸端の規格の例（JIS B 6109）および主軸端へのチャックの装着状態を示してあり，四つ爪チャックと三つ爪チャックの装着方法は異なっていることがわかるであろう．また，利用技術の変遷とともに，表 2.3 に示すように，主軸端の規格も変わってきているが，主流である A 形主軸端への三つ爪連動チャックの装着方法は現在でも同じである．なお，表 2.3 中の D_1 形は，チャックの迅速交換を意図した「カムロック方式」，また，L 形は主軸端とチャックの結合剛性の低下よりもチャック交換の際の安全性を重視したものである．

表 2.3　旋盤系主軸端の規格の変遷

	1960 年代	2000 年代
ショートノーズ (short nose)	A_1　A_2　B_1　B_2 D_1	A_1　A_2　A_3 MD
ロングノーズ (long nose)	L	なし

このような利用技術の変遷による変化は，図 2.32 に示すように，テーパの場合に顕著である．図に示すように，現今では見ることもないテーパが使われていたが，いずれもテーパ接合部での高い位置決め精度および剛性の確保をね

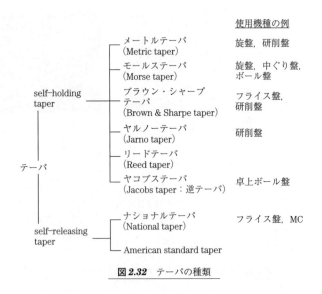

図 2.32　テーパの種類

基本的に，テーパはテーパ面の摩擦による「自己保持機能」の有無で分類され，テーパが2°～3°と小さく，テーパ面の摩擦のみで工具や取付け具を固定できるものを **self-holding 形**と呼んでいる。これに対して，テーパが16°以上と大きく，なんらかの補助用固定装置，例えばドローバーを必要とするものを **self-releasing 形**と呼んでいる。また，テーパは多くの場合に主軸の穴部に用いられるが，ジャコブス・テーパ（Jacobs：ヤコブスとも呼ぶ）は，主軸の外周部のような軸部を対象としており，卓上ボール盤の主軸に用いられている。現在では，図中のモールス，メートル，ならびにナショナルが広く使われている。付言すれば，交換スリーブが市販されているので，設備費の支出は増えるものの，技術面ではテーパの種類が異なっても問題は生じない。

　ところで，これらのテーパは一面当り方式であり，工作機械の性能向上とともに，装着される工具の刃先の位置決め精度やテーパ結合部の剛性の不足などいろいろと問題が生じてきた。そこで，二面拘束（二面当り）方式のテーパ穴，すなわちHSK方式が規格化され，主流となっている（6.2節参照）。

〔4〕**主軸構造と主軸駆動系の習得しておくべきさらなる知識**　　主軸系の性能向上には，転がり軸受の機能および性能の向上が大きく貢献しているのは論を待たない。特に，高速化と高精度化の面，さらにはそれらに密接に関係する発生熱の低減や熱変形の抑制にみられる転がり軸受の技術の進歩にはつねに目を配っておく必要がある[11]。

　図2.33は，ビルトインモータ方式の主軸に対して，軸受内輪側からの「オイル・エア（油・空気）」潤滑を行って高速化対応をした例であり，$D_m n$ 値で350万を達成している（日本精工製，商品名スピンショット［spin-shot］）。このような転がり軸受の熱対策は古くから行われていて，1960年代では「GAMET」軸受が有名であった。この軸受は，中空円錐ころを用いて，潤滑油による冷却効果を積極的に利用しているほかに，中空ころの弾性変形を利用して，軸受構成要素の加工誤差を緩和することにより，おのおののころの分担負荷の均一化も図っている。ちなみに，高精度加工を行う在来形治具中ぐり盤や横形MCな

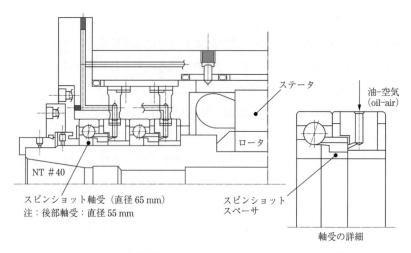

図 2.33 高速主軸用の「スピンショット」軸受（1990年代後半）

どに採用された。

　転がり要素の改良は「草の根」的で地味ではあるが，軸受の性能向上には欠かせないものであり，円筒ころの端面の面取り部に生じる「応力集中」を軽減するために，ウォータジェットを利用する技術開発は有名である[24]。また，この「面取り」の不十分さによって円筒ころの端面部に「応力集中」が発生することを「対数曲線ころ」の採用で解決した例もある[9]。これに類するものとしては，「転がり軸受ナットの主軸軸線に対する直角度の確保」があげられる。直角度が不十分であると，予圧を作用させるべくナットを締めているときに，「わずかな片当たり」状態となり，主軸に曲がりが発生するので注意が肝要である。さらに「きめ細かな配慮」としては，在来形タレット旋盤で回転精度を向上させるために，前部主軸受外輪をホーニング仕上げされた軸受穴へ組込むという工夫もなされている。

　このように，主軸構造と主軸駆動系では，所期の機能や性能を具現化するために，軸受の構成要素から軸受単体，さらには主軸系全体としての設計対策がなされていて，特に熱変形の対策面からの幅広い技術に目を向ける必要がある[11]。

2.3.3 案内構造と送り駆動系

主軸構造と主軸駆動系の冒頭で説明したことは，そのまま案内構造と送り駆動系に適用できるが，工作機械の構造構成からわかるように，主軸系が回転運動を主とするのに対して，案内系は直線運動が主体となる。ただし，在来形立旋盤では大径で重いテーブルが回転運動，また，5軸制御 MC ではトラニオンに組み込まれたテーブルが，限られた空間内で所要の回転運動を行う例もある。そして，それらの設計では，テーブルの「みそすり運動」を防止するために，テーブルの外側に「大径スラスト軸受の配置」という主軸の回転運動とは異なる配慮が必要となる。

さて，案内面の設計は往復直線運動を行う形態に対して論じられることが多く，運動の切り返し点でのテーブルの急速な加減速とそれに伴う「テーブルの姿勢変化」の抑制が具体的な対象となる。案内面は，図 **2.34** に示すように，主軸受と同様に「すべり」，「静圧」，ならびに「転がり」方式に分類されるほかに，ハイブリッド方式もあり，それぞれの特徴を考慮して用いられている[8]。

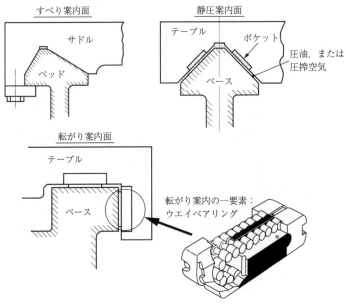

図 **2.34** 代表的な三つの直動案内面[8]

74   2. 汎用 NC 工作機械の基本的な構造構成

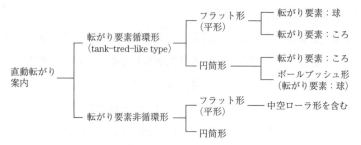

注1:「フラット形」には，V 形状や逆 V 形状転送面のものも含む．また，転送面は焼入れされた小さな棒材，あるいはワイヤーで構成されることもある．
注2:ローラ案内では，「中実ローラ」を選択組合せするか，あるいは「中空ローラ」を使うかの二通りある．

図2.35 直動転がり案内面の分類

ここで，「転がり案内」方式は，**図2.35**に示すように分類され，機種によって適切なものが採用されている．そして，汎用 TC および MC では「転がり案内」方式のうちの「リニアガイド」が主流であり，これはウエイベアリング（way bearing, **図2.34**参照，米国特許 No. 3003828）とその転送面となる案内面を対の形で使用する形態と解釈できる．そこで，**図2.36**には，リニアガイドと

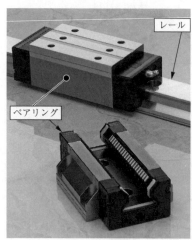

リニアガイド（2010年代，日本精工の厚意による）

非循環形フラット・リニアローラガイド
（CNC 治具研削盤，G-18CP 型，1980年代後半，Moore 社の厚意による）

図2.36 リニアガイドの例

参考までにフラット形リニアローラガイドを示してあり，以下の説明はリニアガイドを主体としている。ここで，ウエイベアリングによる案内構造の基本は，長い歴史のある「すべり」方式のものを踏襲していることに留意すべきである（図 2.38 参照）。

〔**1**〕**案内精度，ナローガイド，ならびに案内面の構造**　案内面は，固定されている大物部品，例えばベース（ベース側案内面）の上を移動する大物部品，例えばテーブル（テーブル側案内面）によって構成され，作用荷重の大きさによって 2 条，3 条，あるいは 3 条以上の多条の案内面が設けられる。

図 2.37 に，典型的な MC のリニアガイド方式の案内面を例に，三つの案内精度の評価指標，すなわち**ピッチング**（pitching），**ヨーイング**（yawing），ならびに**ローリング**（rolling）を示す。要するに，X，Y，Z の各軸周りに作用するモーメントによる「ベース案内面に対するテーブルの姿勢変化」の大きさであり，できるかぎり小さいこと，また，同時にテーブルが滑らかに運動することが望ましい。そのためには，転がり要素と転送面間に適正な予圧を作用させ，作用荷重による弾性変形を小さくすると同時に，**ナローガイド**（narrow guide）**の原則**と**転倒モーメント最小化**による案内構造の設計が必要不可欠である。

それでは，これらをわかりやすいウエイベアリングで説明しよう。**図 2.38**

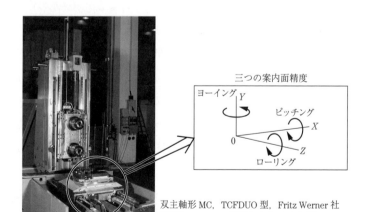

双主軸形 MC，TCFDUO 型，Fritz Werner 社
（社長 Hammer の厚意による，1998 年）

図 2.37　案内精度の定義 ── 設計で考慮すべき三つの精度

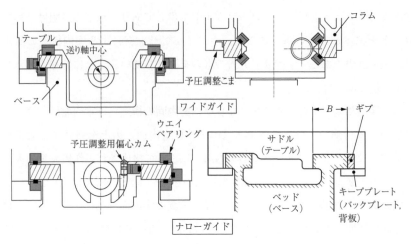

図 2.38 案内精度を確保するための案内構造（ウエイベアリングとすべり案内の比較）

の左下に示すように，右側案内面には 4 個のウエイベアリングを抱え込むように配置し，偏心カムによって予圧を調整して案内運動の基準としている。ここで，ベース案内面の下部に配置したものは，モーメントによるテーブルの浮上り防止用であり，残りの三つが案内運動を拘束（三面拘束）して所要の案内精度を具現化することになり，これがナローガイドの原則に従った案内構造である。なお，左側案内面には，作用するモーメントによるテーブルの浮上りを防ぐために，案内面の上下にウエイベアリングを配置するのみであり，これによって同時にテーブルの幅方向の熱による伸びを逃がせる構造になっている。ちなみに，リニアガイドでは図 2.36 からわかるように，これらの機構がレールとベアリングの組合せで，コンパクトに構成されている。したがって，ベアリングを大物部品に締結すれば，簡単にナローガイドの原則が具現化される。

ここで，図の右下に示してある「すべり案内面」では，案内運動の基準となる案内部に「適切な隙間を設けていること」が，ころがり案内面では予圧の調整に代わるのみで，両者の設計原理は基本的に同じであることがわかるであろう。また，ベース案内面を「三面拘束」する際に，案内面の幅（B）に対して長さを長くすれば，隙間が案内精度に及ぼす影響，例えばヨーイングを小さく

できること，すなわちナローガイドの原則もよくわかるであろう．なお，図2.38の上部には，「ワイドガイド」の案内方式を示してある．図からわかるように，ナローガイドでは，一条の案内面で案内精度を確保するのに対して，二条の案内面を使って案内精度を確保する方式であり，大物部品の加工精度の向上とともに使われるようになった．実現できる案内精度には違いはないが，基本的には「基準寸法（参照寸法）B」の小さいほうが熱変形は小さいので，ワイドガイドの採用に際しては特に熱変形への配慮が不可欠である．

ところで，すべり案内面では，**三面合せ加工の禁止**という鉄則がある．すなわち，高い精度で三面を加工して「三面拘束」の案内面とすることは，現今の加工技術では非常に難しい．そこで，二面を精度よく加工して，残りの一面には隙間調整用の「ギブ」という部品を配置する（図2.38参照）．また，キーププレートは，流体潤滑状態における「潤滑油のくさび作用」，また，上方に作用する加工抵抗によるテーブルの浮上り防止用である．ピッチングに大きく影響するので，ギブと同様な設計および組立・調整上の配慮が必要である．

このように，ナローガイドの原則を満足させても案内精度を確保するには十分ではなく，同時に転倒モーメントの最小化を図る必要がある．テーブルは，送り駆動軸から伝動力を得て移動するので，送り駆動軸の中心を基準として，テーブルへの作用荷重，テーブルの自重，案内面への反力などによって作用するモーメント，いわゆる「テーブルの転倒モーメント」を考える．そして，これらが最小となるように，送り軸と案内面の相対位置を決めれば，高い案内精度が得られる．

〔2〕**送り駆動系**　テーブルに送り動力を伝える代表的な駆動系としては，① ボールねじ・ナット，② ダブル・ピニオン，ならびに ③ ウォーム・ウォームラックの方式があげられ，また，高速形MCでは，④ リニアモータ駆動も使われる（図2.23参照）．

ここで，**図2.39**に示すダブル・ピニオン方式は2枚のピニオンをラックと噛み合わせてバックラッシ（back lash）を零（無背隙）に設定して，あるいは必要に応じて予荷重を与えて高速運転でき，また，それらの調整は二つの駆動

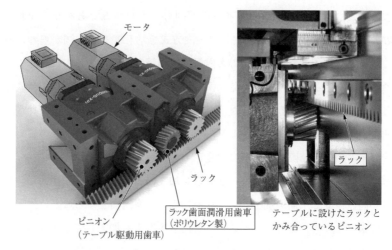

図 2.39 ダブルピニオン駆動方式（REDEX 社の厚意による）

モータの間で電気的に行えるという特徴がある。そこで，テーブルストロークの長い門形 MC で使われることがある。なお，ダブル・ピニオン方式では，在来形の時代から周知である，一つのモータからの駆動力を伝動歯車列で二分割して機械的にバックラッシュを零にする仕組みも使われている。

これに対してウォーム・ウォームラック方式は，ダブルウォーム機構で無背隙にでき，低速で重切削を行う大形工作機械に適しているが，本質的に摩擦が大きい伝動機構を用いているので，鋼製ウォームであれば焼入れ・研削加工，また，ウォームラックには硫化処理を施す必要がある。

このように，各方式にはそれぞれ特徴があるが，汎用 TC や MC では，ボールねじ駆動が広く用いられている。これは，ボールねじ駆動は，図 2.40 に示すように，ころがり要素を介してナットを回転させるので摩擦が小さく，ダブル・ナット方式として予圧の調整ができ，無背隙で送り運動ができるほかに，テーブルとの連結も容易なことによる。また，「転倒モーメントの最小化」の説明からわかるように，テーブルと送り駆動系の連結部は，案内精度や送り剛性に大きな影響を及ぼすが，ボールねじのナットの場合には，ナット固定方式，あるいは回転方式のいずれでも連結部の影響は小さい。

2.3 汎用NC工作機械の主要な構造構成

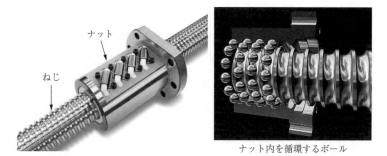

図2.40 ボールねじ-ナット駆動（日本精工の厚意による，2017年）

ここで，留意すべきはボールねじの支持方法であり，**図2.41**に示すように三つの方法がある。両端固定方式では，剛性は大きくなるが，熱による伸びへの対処に工夫が必要であり，熱変形への対処は「固定-単純支持」のほうが容易である。また，一般的にボールねじを中空として冷却水を貫流させて熱変形の低減を図っているほかに，場合によっては制振材を充填して耐振動特性の向上を行っている。

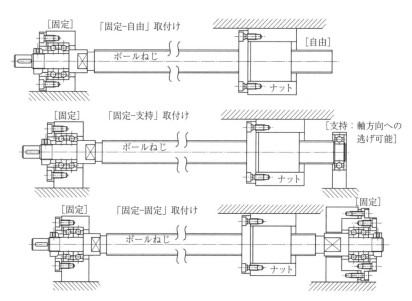

図2.41 ボールねじの代表的な三つの取付け方法

〔3〕案内構造と送り駆動系の習得しておくべきさらなる知識

① 形状創成運動の参照案内面と荷重支持案内面の分離　ナローガイドの原則や転倒モーメント最小化の対策を講じて確かな形状創成運動を確保しても，長期間にわたって機械を使用していると，案内面が摩耗して案内精度が低下してくる。これは，特に「すべり案内面」で問題となるので，参照案内面と荷重支持案内面を分離した方式が用いられることがある。

② ハイブリッド案内面　すべり案内面の使用は減りつつあるものの，その最大の特徴は「大きな減衰能」にあるので，それを生かして転がり案内と組み合わせて使われることがある。要するに，リニアガイドは静剛性ではすべり案内面より優れているものの，減衰能では大幅に劣っている。ちなみに，日本精工によれば，リニアボールガイドおよびリニアローラガイドの静剛性は，おおよそ 1.0 および 1.5 kN/μm である。

③ すべり案内面の材質および構成　すべり案内面は，摩擦係数を低減させながら，良い流体潤滑性を確保しつつ，摩擦や油膜による減衰能の増加を期待できるので，重切削用の汎用 TC や MC に使われる。そこで，**図 2.42** に示す

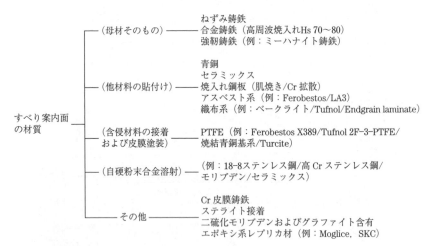

注1：PTFE には，場合によっては，鉛，あるいは黒鉛を混入することあり
注2：自硬粉末溶射は，一般的に，鋳鉄，または鋼案内面に採用

図 2.42　すべり案内面の材質

ような材料の組合せが使われるが,一般的には耐摩耗性の観点から固定側案内面を「焼入れした鋳鉄」,あるいは「焼入れ鋼」とし,移動側案内面にターカイトを貼付けることが多い。したがって,案内面を望ましい接触状態(「当りが良い」状態)とするために,ターカイトを「きさげ仕上げ」することが多い。

それでは,二条のすべり案内方式における案内面形状の組合せを紹介しておこう。一般的には,「平形と平形」,「V形と平形」,「逆V形と平形」,「V形とV形」というようないろいろな形状のほかに,ダブテールも使われている。さらには,おもにクイルやラムを対象として「角柱や円筒の外周面」を使うこともある。そして,円筒の外周面を使う形態は,特に**バーガイド**と呼ばれ,円筒への予張力の与え方や隙間調整に高度のノウハウを要するが,高精度の加工を行う横中ぐりフライス盤の主軸頭に用いられたこともある。現今では,静圧方式のバーガイドとして,TCの往復台の案内に用いられている例があるので,**図2.43**に示しておこう。

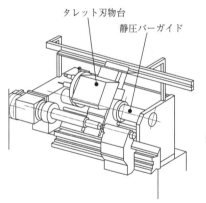

(a) CNC旋盤のタレット刃物台積載
クロススライドの静圧方式バーガイド
(Monforts社RNC系列,1997年)

(b) 横中ぐりフライス盤の主軸頭のすべり方式
バーガイド
(FB75型,Scharmann社,1960年代)

図2.43 バーガイドの例

④ **大形工作機械用の特殊な送り駆動方式** 汎用TCやMC,それも中小形が主力である現今では話題にもならないが,テーブルが重く,しかも重切削を

行う大形工作機械では，送り駆動系の設計は非常に難しい．そこで，いろいろな工夫がなされていたが，それらは大形 MC に応用も可能であるので，一例として在来形プラノミラーのウォームーウォームラック駆動に用いられていたジョンソン方式（Johnson Drive）を紹介しておこう．この方式は，Waldrich Siegen 社が 1960 年代に開発したもので，ウォームの軸方向に溝を設けることにより，ウォームが駆動用ピニオンと噛み合いつつ，ウォームラックとも噛み合ってテーブルを駆動する．これによって，重い工作物でもスティック・スリップ（stick-slip）なしの送り運動を実現できると同時に，分割形ウォーム方式を用いて無背隙としている（詳細は 58 ページの脚注の書籍を参照）．

2.4 モジュラ構成と進みつつあるプラットフォーム方式 （加工空間重視のモジュラ構成）

NC 工作機械の一つの大きな特徴は，NC 情報の交換のみで簡単にいろいろな加工要求へ対応できる柔軟性（flexibility）を有していることである．しかし，個人の要求にこまめに対応できるように，「極多品種極少量生産」，あるいは「一個物生産」が普遍化するに従って，NC 情報というソフトウェア面からの柔軟性だけでは対応が不十分となり，機械の構造というハードウェア面からの柔軟性の付与が改めて必要となってきた．すなわち，在来形の時代から使われている工作機械のモジュラ構成を NC 工作機械でも積極的に採用する方向がますます加速されつつあり，これには**地域性を考慮しつつ国際化**（localized globalization）の進行も駆動因子となっている．

要するに，世界各地域での「使いやすさ」を考えると，NC 情報の有する柔軟性だけでは，文化・風土の異なる人々の多種多様な加工要求には対応できないので，構造構成の面でも柔軟性を増強しなければならない[12]．

現今ではモジュラ構成は，広く自動車，鉄道車輌，船舶，航空機のジェットエンジンなど，さらには食品工場にまで使われているが，その源流は 1930 年代の工作機械の構造設計にある．そして，設計思想はすべて同じであるが，適用

する製品によってモジュラ構成の利点のいずれを使うのかが変わり，また，航空母艦では「スーパリフトコンセプト」と用語も変わるので，技術者でも異なった技術と勘違いしている向きもおられる[†]。

図2.44には，製品によるモジュラ構成へ期待するところの違いを主たる属性を軸に配置したレーダ図で可視化してある．現今ではモジュラ構成の採用が大きな話題となっている自動車と工作機械の違いがわかるであろう[13]．ちなみに，工作機械の分野では，「技術の本質」は変わらないにもかかわらず，1930年代には「単元構成（ユニット）方式」，1950～60年代には「BBS（積木式構

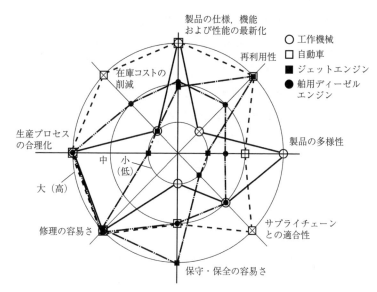

図2.44 製品によって異なるモジュラ設計の特徴的な様相[13]

[†] 文系の分野では，自動車産業でのモジュラ構成が話題となるに従って，モジュラ構成を誤解した言説が数多くなされているので，文系の分野の資料を参照するときには注意すること．その最たるものは，製品アーキテクチャで「すり合せとモジュラ構成を対比させる論法」である．「モジュラ構成の四原則」をみればわかるように，「ある製品展開」をモジュラ構成で行うには，「一群の基本モジュールの設定」が基本的に重要であり，それには技術面，経済面，ならびに社会面の数多くの相反する設計属性の好適な組合せ，いわゆる「すり合せ」を行う必要がある．この作業は高度に熟練した設計者でなければ行なうことができないもので，このような技術の本質を理解せずに，文系では用語上の見掛けの違いに捕われてモジュラ構成の技術を間違って解釈している．

成法：Building Block Systems)」，1980年代以降には「モジュラ構成」と用語の変遷があったので，注意が必要である．

それでは，モジュラ構成の概要を述べるが，まず現在進んでいる以下の状況に留意されたい．また，モジュラ構成全般についてさらに詳しいことを知りたい読者は巻末の文献を参照のこと[10]．

① モジュラ構成は，工作機械の機能・性能に柔軟性を付与するのが目的であるので，仕上げ加工に用いられる研削盤の系統に適用することはまれであった．しかし，最近では加工機能の柔軟性や集積化を強化することを図って，研削盤にも適用するようになっている．

② 進行している加工機能の高度集積，例えばTCとMCを融合した「ミルターン」，ならびにMCへの研削機能やレーザ処理機能などの統合が普遍化するに従って，後述する「プラットフォーム方式」，すなわち「ユーザ主体のモジュラ構成の展開形」が主流となりつつあること．

③ 基本モジュールをFMC（フレキシブル生産セル）として，それの集積方式を基本レイアウトとするフレキシブル生産がほぼすべての生産態様に対応できるようになったこと（付録参照）．

2.4.1　モジュラ構成の定義，ならびに四原則

モジュラ構成については，1930年代以来の経験からつぎのように定義づけられているが，学術的な裏付けはなされていない．

"ある製品展開をあらかじめ定めた一群の基本要素（基本モジュール）の組合せによって行う設計方式．ここで，基本モジュールは，特定の機能，あるいは構造形態，場合によっては両者を有する「単位」として定める"．

したがって，どのような基本モジュールをどれだけ準備するか，すなわち基本モジュール群の構成内容によって実現できる製品展開の幅や多様性などが変わってくる．このように，モジュラ構成の定義は曖昧さを含んでいるので，実

---

† モジュラ構成の四原則を国内外で初めて1960年代に提案したのは，豊田工機の土井良夫であり，その先見の明は2000年代になってもドイツで土井の亜流と判断される設計原則を唱えていることでわかるであろう．

際に適用する際には，以下に述べる**モジュラ構成の四原則**に従って具体化するのがよいであろう[7],†(前ページ)。

① **分割の法則**　具現化すべき製品展開の全体にわたって，製品を構成する部品やユニットなどを機能や性能面から分割して，同一，あるいは類似のものをグループ化すること．

② **統一の法則**　グループ化された部品やユニットなどを取捨選択し，さらに経済性や社会性も考慮して，最大限の製品展開を期待できる最小限の基本モジュール群を設定すること．

③ **結合の法則**　基本モジュールを適切な方法で結合して製品とすること．工作機械の場合には，大物部品の結合方法が対象となり，「工作機械の結合部問題」なる分野が確立している．ちなみに，**図2.45** に示すように，結合部が存在すると，接合面の仕上げ方法にかかわらず静剛性は大きく

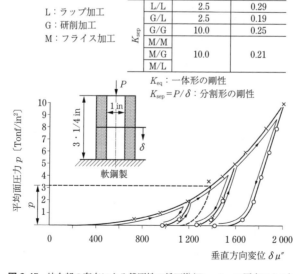

図2.45　結合部の存在による静剛性の低下[10]（Thornley の厚意による）

低下し,逆に減衰能は向上する。また,剛性は非線形性を示す[10]。

④ **順応の法則** 基本モジュールの組合せで創成できる製品展開の予測とそれらの要求仕様への適応性を評価。「工作機械の記述方法」として設計方法論が構築されつつある。要するに,工作機械をコンピュータが理解できる形で表現する方法が基礎となり,すでに図 2.2 や 2.14 に示したものは,それを加工方法の記述に転用した展開形である[10]。

2.4.2 メーカ主体のモジュラ構成——階層方式とユニット方式

モジュラ構成は,工作機械のメーカおよびユーザのいずれにも利するところが多い設計方法であるが,一般的にはメーカ主体に構築されている。そして,長い歴史的な経緯からいろいろな形態のモジュラ構成が使われているものの,工作機械が「機械-ユニット複合体-ユニット-機能複合体-部品」という階層構造で構築されていることに着目して,その全体像は「階層方式異機種モジュラ構成」としてまとめられている。

要するに,モジュラ構成の適用範囲を同一機種内とするか,あるいは異機種まで広げるか,ならびに基本モジュールを階層構造中のいずれの層に置くかによっていろいろな展開形が存在する。そして,使いやすさや経済性などの理由で,ユニット(多くの場合に大物部品)を基本モジュールとして機械を構築する「ユニット方式」が多用されている。また,ユニット方式は,機械全体を対象とする free design 形と,加工空間に重点をおく variant design 形に分けられる[5]。

ここで,典型的なユニット方式は,すでに図 2.2 に示した。

2.4.3 ユーザ主体のモジュラ構成——プラットフォーム方式

多くの場合にメーカ主体に論じられるモジュラ構成であるが,長い歴史の間にはユーザが工作機械を利用しやすい側面を重視した展開形も開発されている。それは,1950〜1960 年代にかけて開発された「トランスファマシン(現今の**トランスファライン**(**TL**:Transfer Line))」用であり,自動車産業の加工設備を革新的に変化させた。要するに,自動車のモデルチェンジに従って,廃棄要素をできるかぎり少なくしながら,設備を新しい加工要求に迅速にユーザの

工場現場で更新できる仕組みである。

このTLは，ユーザの工場現場での更新という機能は薄れたものの，その後にフレキシブルTLへと発展して，自動車産業の生産設備の顔となっている。もちろん，このTLへの応用の成果はメーカ主体のモジュラ構成にもフィードバックされて，研究や技術の進展に大きく貢献している。

ところで，2000年代になると，加工要求の高度化はますます進んで，工作機械の設計・製造技術と利用技術を全体論的に論じる必要性が高まってきている。その結果として，加工空間内の機械本体－アタッチメント－工作物－工具系なる連鎖が加工精度や加工能率の確保の面で重要になってきて，TLのときと同様にユーザを重視した「プラットフォーム方式」が技術開発の焦点になっている。

上述のような連鎖は，「びびり振動」や「熱変形」を論じるときには常識であったが，それが加工精度の確保の面でも重要視されるようになっている。例えば，NC単軸自動盤でコレットチャックを国産からドイツ製に交換したのみで加工精度が数段向上したという町工場の経験も耳にすることがある。

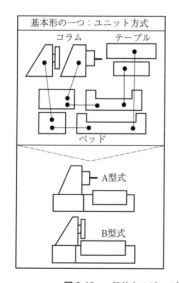
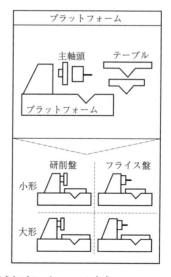

図2.46 一般的なモジュラ構成とプラットフォーム方式

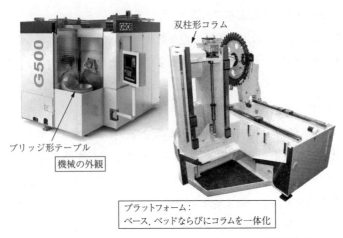

図 2.47　MC に採用されたプラットフォーム方式（Grob 社，2008 年）

図 2.46 には，一般的なモジュラ構成とプラットフォーム方式を比較してあり，また，図 2.47 には Grob 社の MC（5 面加工用-5 軸同時制御方式）への適用例も示してある。この MC では，三つの寸法系列からなるモジュラ構成としているが，図にみられるように，「ベースおよびコラムを一体溶接構造としたプラットフォーム方式」である。そして，一つの寸法系列のプラットフォームに対して，「単および双主軸」，「二種の主軸テーパ（HSK-A63 および HSK-A100）」，ならびに「単および双テーブル」を組み合わせることで種々の型式を創出できる。さらに，主軸速度は，6 000～18 000 rev/min，また，主軸トルクは，34～1 270 N·m の域内でモジュラ構成となっている。

じつは，プラットフォーム方式は，1990 年代初頭に Gleason Pfauter Hurth 社がホブ盤，歯車形削り盤，ならびに歯車研削盤の生産に用いていた「大規模モジュール」の概念を基に，Metterrnich と Würsching が 2000 年に提唱したものであり[17]，その後に自動車産業へ関連する技術思想が移転している。また，観点を変えれば，これはメーカ主体のユニット方式の「Variant Deign 形」において加工空間から離れたユニット（大物部品）を大規模モジュールなる基本モジュールに昇華したものとも解釈できる。ちなみに，図 2.2 の汎用 TC でベー

ス，ベッド，ならびにクロススライドを一体・共通化すればプラットフォーム方式となる．

演習問題

〔**1**〕転がり軸受を採用した主軸は，慣習的に高剛性主軸，高速主軸，高精度主軸の三つに分類されるが，それらの相違はどこからきているか考察せよ．また，なぜ三つの特性すべて満足する主軸を製造することが難しいのかを論ぜよ．

〔**2**〕工作機械の構造構成材料の観点から，鋳鉄，コンクリート，セラミックおよび炭素繊維強化形複合材料の特失を比較，検討せよ．

〔**3**〕主軸の最大許容トルクに影響を及ぼす因子，ならびにその設定方法について考察せよ．

〔**4**〕案内面に利用される滑り案内，転がり案内および静圧案内の特性を比較し，それぞれの向き・不向きについて論ぜよ．

〔**5**〕案内面の「ナローガイドの原則」を数式を用いて説明せよ．

3

工作機械と数値制御

　工作機械に数値制御が導入されたことによって，工作機械の性能が飛躍的に向上したことはすでに1章で述べた。数値制御の最も大きな特徴は従来のアナログ制御に対してディジタル制御であるということにつきる。これまでアナログ制御の工作機械においても長年の歴史的な発展のなかで，さまざまな自動化の工夫がなされており，一部は現在でも活用されている。ここでは簡単にそれらの技術を振り返り，改めて数値制御の特徴について述べる。

　まず，特定の限定された作業，例えば工作物の取り付け，工具の割出し，加工シーケンス，形状創成運動の制御などをすべて基本的にメカニズム（機構）によって実現する工作機械として自動盤がある。具体的にはゼネバ機構やカムなどを用いて運動制御が行われる。自動盤はもともと旋盤加工の自動化を行うために開発されたもので，少品種多量生産用工作機械としてはきわめて生産性が高い機械である。自動盤は機械の制御をすべてメカニズムで行っていることから信頼性が高く，また高能率の加工ができる。しかしその反面，融通性に乏しく，加工シーケンスの変更には多くの手間がかかるうえ，加工し得る部品形状に大きな制約を伴う。

　金型などの複雑な形状，特に自由面形状の加工を行う機械として，ならい制御工作機械がある。これはあらかじめ加工しようとする形状の模型を，金属や木，あるいはプラスティックなどで作っておき，その形状をならいながら工作

機械の形状創成運動を制御するもので，一例としてならい制御フライス盤の概念図を**図 3.1**に示す。この機械では主軸とトレーサに送り運動を与えるとともに，トレーサが模型の表面をならって主軸の切込みを制御することにより，結果的に模型と同じ形状の加工が行われる。ならい工作機械は模型の形状をならうことか

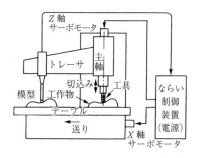

図3.1 ならい制御フライス盤の概念図

ら，**コピーマシン**（copying machine）とも呼ばれている。あらかじめ模型を用意すればその形状と同じ形状の加工ができるという利点がある反面，模型を用意する必要がある。現在では高度な**コンピュータ援用設計**（**CAD**：Computer Aided Design）技術を用いて，複雑な形状の部品をコンピュータ内にモデルとして作成し，そのデータに基づいて**コンピュータ援用生産**（**CAM**：Computer Aided Manufacturing）技術を用いて制御プログラムを作成し，NC 工作機械を制御することができる。

ここで改めて NC 工作機械の特徴をまとめると以下のようになる。

・プログラムによって機械の運動を制御するため，データを変更するだけで，寸法変化，形状変化などを含む多様な加工を行うことができる。
・複雑な形状の部品加工でも，あらかじめ CAD/CAM 技術などを利用して加工プログラムを作成すれば，容易に加工を行うことができる。
・一度プログラムを作成すれば，作業者の技能に無関係に同じものを繰り返し加工することができる。

その反面，以下のような問題もある。

・プログラムを作成するプログラマの技量によって，加工能率や加工精度が左右される。
・特に複雑な形状の加工を行う場合，加工中あるいは早送りにおいて工具が加工面や工作機械の一部（チャック，治具など）と干渉することがないように，プログラミングにおいてあらかじめ十分なチェックを行う必要があ

る。

さて，NC工作機械では加工図面の情報がNCプログラムに変換されてNC装置（CNC装置）に送られ，その情報に基づいて工作機械の運動が制御される。このときの情報の流れは**図3.2**のように表される。CADシステムによって作成された部品情報はCAD/CAMシステムあるいは自動プログラミング装置によってNCプログラムに変換される。多くの場合，NCプログラム情報は通信回線を介してNC装置に伝達されるか，メモリカードなどの媒体を介して入力される。またNCプログラムやNCデータをオペレータが直接制御盤のタッチパネルを介して手動入力することもできる。これまで汎用工作機械において，オペレータがハンドルやレバーを操作して工作機械を運転していたのに対し，現在ではタッチパネルによって工作機械を運転しているともいえる。

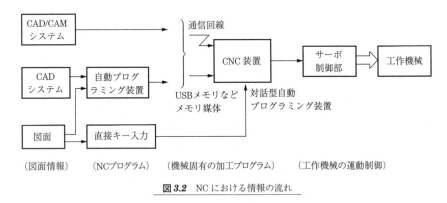

図3.2 NCにおける情報の流れ

最近では対話形プログラミング機能が充実しており，オペレータが容易にプログラミングができるように，ユーザインタフェースに多くの工夫が凝らされている。CNC制御装置の基本構成は**図3.3**に示すとおりで，必要な情報処理を行ったあと，サーボ制御部によって工作機械の運動が制御される。CNC工作機械では単に工作機械の運動制御のみならず，主軸の起動・停止，工具の自動交換，切削油装置の起動・停止などさまざまな補助作業があり，こうした装置の制御を行うためのシーケンス制御部が内蔵されている。NC装置の機能をまとめると**表3.1**のようになる[1]。

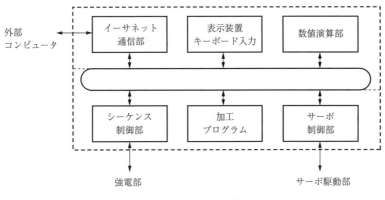

図 3.3 CNC 装置の基本構成

表 3.1 NC 装置のおもな機能[1]

機　能	具体的な内容
制御軸	$X, Y, Z, A, B, C, U, V, W$ など
同時制御軸数	3軸, 4軸, 5軸, 6軸 など
最小設定単位	1 μm, 0.1 μm, 0.001 μm など
送り指令	毎分送り量, 1回転当り送り量
補間機能	直線, 円弧, ヘリカル, 極座標, 円筒, インボリュート など
工具補正機能	工具長, 工具径, 工具位置, 刃先丸み
主軸制御機能	周速一定, 同期, 差速, 速度比一定
固定サイクル	ねじ切り, 切削配分, 深穴ドリル加工
カスタムマクロ	ユーザ独自の加工サイクル作成機能
計測機能	工具補正量, 工作物オフセット量
高精度化機能	補間前加減速, 加速度・加加速度制御

3.1 サーボ機構とその付属装置

　NC 工作機械においては, テーブルや刃物台などの移動体が, 与えられた速度で, 与えられた距離だけ, 所定の分解能で移動することが求められる。すなわち, サーボ機構に課された課題は, 移動速度, 移動距離および移動距離の分解能を満足させながら移動体を駆動させることになる。

　さて, 工作機械の運動形態は基本的に直線運動と回転運動であることはすで

に述べたとおりである。ここで原動機（モータ）から工具あるいは工作物に対してこれらの運動を実現する方法は基本的に**表3.2**に示すようにまとめられる。このうちモータの回転運動を直線運動に変換する機構としてボールねじを用いたものが現在最も一般的に利用されている。

表3.2 原動機（モータ）と運動形態の関係

原動機（モータ）	運動変換/減速機構	運動形態
モータ（回転運動）	ボールねじ （回転-直線運動変換）	直線運動
モータ（回転運動）	ピニオンとラック （回転-直線運動変換）	直線運動
モータ（回転運動）	キャプスタン （回転-直線運動変換）	直線運動
リニアモータ （直線運動）	なし	直線運動
モータ（回転運動）	ウォーム歯車など （減速）	回転運動
モータ（回転運動） （ダイレクトドライブ）	なし	回転運動

キャプスタンを用いた駆動機構は，トラクションドライブ，あるいはフリクションドライブ（摩擦駆動）と呼ばれ，**図3.4**に示すように回転するローラに直線状の移動体を押し当てて摩擦により回転運動を直線運動に変換する機構である。高精度の運動変換が可能な反面，大きな負荷には耐えられないため，超精密駆動など特殊な場合にしか用いられていない。

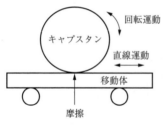

図3.4 摩擦駆動（フリクションドライブ）の原理

ここではまず最も一般的に用いられている方式として，モータの回転運動をボールねじによってテーブルの直線運動に変換する方式を例にとってサーボ機構の説明を行う。ボールねじは2章の図2.40に示したようにねじとナットの間に循環する鋼球を介在させることにより，ねじ面での摩擦を低減させてねじの伝達効率を高めた特殊なねじで，NC工作機械をはじめ産業機械に広く用いられている。ボールねじを用いてサーボモータ

の回転をテーブルの直線運動に変換し，所期の直線運動を実現する代表的な方法をまとめて**図3.5**に示す。

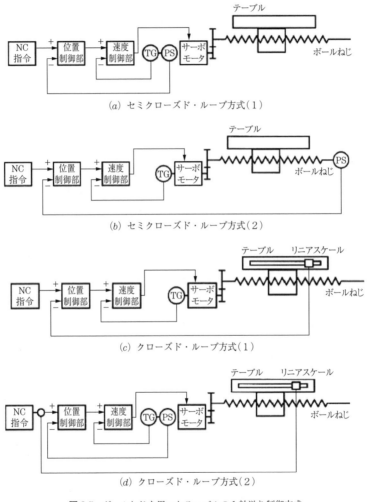

図3.5 ボールねじを用いたテーブルの1軸送り制御方式

制御方式としては，まずセミクローズド・ループ方式とクローズド・ループ方式に大別される。セミクローズド・ループ方式においては，制御装置から発せられたNC指令に基づいてサーボモータが回転し，減速歯車を介して回転運

動がボールねじに伝達され，それに応じてテーブルが直線運動を行う．ここで移動速度の代わりに，モータの回転速度が速度検出器（図中のタコジェネレータ TG）で検出され，モータの回転速度が指令どおりになるようにフィードバックされる．ここではテーブルの移動距離を直接計測することなく，モータの回転角度あるいはボールねじの回転角度を回転角度検出器（図中のロータリーエンコーダ PS）を用いて間接的に検出し，位置のフィードバックを行う．他方，クローズド・ループ方式では，リニアスケールなどの位置計測器を用いてテーブルの移動距離を直接計測し，その値をフィードバックする．

セミクローズド・ループ方式においては，モータとテーブルの間に介在する機械要素，すなわち減速歯車（特にセミクローズド・ループ方式(1)の場合）やボールねじの誤差，弾性変形，遊びなどが原因でモータの回転角度やボールねじの回転角度がテーブルの移動距離を正確に反映し得ない場合があり，位置決め精度の点でクローズド・ループ方式より劣るという欠点がある．その反面セミクローズド・ループ方式は，クローズド・ループ方式に特有のフィードバック系の不安定問題を回避することができという利点がある．また，制御器メーカからすれば，サーボモータの運動までを保証すれば，あとは工作機械メーカの責任となることから手離れがよいことになり，他方，工作機械メーカからすれば，高価で取り扱いが難しいリニアスケールなどの位置計測器を用意する必要がないため，簡便で低コストになるという利点がある．したがって，多くのNC工作機械ではこのセミクローズド・ループ方式が採用されている．

高精密工作機械や超精密工作機械では，きわめて高いテーブルの位置決め精度が要求されるためクローズド・ループ方式が採用されている．リニアスケールなどの位置計測器としては，光学式，磁気式などさまざまな計測器が使われている．いずれもが移動するテーブルに直接取り付けられるため，切削油や切りくずなどの影響が出ないよう，設置には細心の注意が払われる．最近の超精密工作機械に使用されるスケールの分解能としては1 nm以下のものもある．

ここでテーブルの移動速度 V〔m/min〕はサーボモータの回転数を n〔rev/min〕，ボールねじのピッチを p〔mm/rev〕とすると

3.1 サーボ機構とその付属装置

$$V = \frac{pn}{1\,000} \tag{3.1}$$

で与えられる。高速・高能率を志向した工作機械では，テーブルの送り速度を高くする必要があるため，ボールねじのピッチ p あるいはサーボモータの回転数 N を大きくするが，いずれも制約がある。現状で実用的なテーブルの最高送り速度は 20〜30 m/min である。

最近では，特に高速・高精度が要求されるテーブルの駆動にリニアモータが採用されている。リニアモータは**図3.6**に示すように，回転型のモータの巻線と回転子を直線状に伸ばした構造を有しており，一方を工作機械のベースに，他方をテーブルに固定して，両者の間にわずかな隙間を持たせて直接テーブルを直線駆動するものである。ボールねじ駆動と比較した場合のリニアモータの基本的な特性と，工作機械に応用するうえでの利点をまとめて**表3.3**に示す。リニアモータの最大の特徴は，途中に歯車やボールねじなどの大きな慣性を有する機械要素を介在させないことから，バックラッシなどのロストモーション

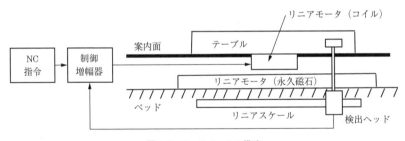

図3.6 リニアモータの構造

表3.3 リニアモータの特徴と利点

基本的な特徴	工作機械へ応用するうえでの利点
① ボールねじのような機械要素が介在しないため，ロストモーションが小さく，また全体として運動体の慣性が小さい。 ② 駆動剛性が高い。 ③ ステータ側は永久磁石を張り付けるだけで，ストロークを調整することができる。 ④ 構造が簡単である。 ⑤ ストローク端に回転モータを配置する必要がない。	① 高精度の駆動が可能。 ② 高速駆動，特に高速での往復運動，オシレーション運動に適している。 ③ 容易に長ストローク駆動系の構築が可能。 ④ 積み重ねによる送り駆動装置の多重化が容易。 ⑤ コンパクトな構造にすることができる。

がなく，運動部の慣性が低いため，高速での移動，特に高速での往復運動に適しているほか，高精度であることにある。そのため高速を志向する工作機械や精度の高い工作機械の駆動装置に広く採用されている。またストロークが長い工作機械では長尺のボールねじの製作が困難であり，ボールねじ自体の剛性が全体の駆動特性に大きな影響を及ぼすため，リニアモータが採用されることが多い。

その反面，ボールねじのようなセルフロック機能が作用しないことから，特に重量のある主軸頭などを垂直方向に支持する場合や，静止した状態で他の軸の運動によって加工が行われ大きな切削力が作用する場合などには，停止状態を保つために大きな出力電流を流しておかなければならないという問題もある。また，モータ部分に切削油や切りくずなどが入り込んで不具合を生じないように注意する必要がある。リニアモータ駆動のテーブルの最高送り速度は 100 m/min 程度であるといわれている。

テーブルの回転駆動機構の例を**図 3.7** に示す。一般的に，回転送り運動は直線運動送り運動に比べて運動速度が低いことから，サーボモータの回転をウォーム歯車を利用して減速する方法が取られることが多い。ウォーム歯車は通常の歯車に比べて減速比が大きいため，大きなトルクを発生することができ，またセルフロック機能の点では有利である。しかしながら高速回転にはかならずしも適しておらず，ウォーム歯車の誤差や遊びなどの機械的な誤差が問題となる。最近では回転テーブルの高速回転や高速での正逆回転の繰り返しが必要となる加工が増えてきたため，高速でしかも高精度の回転が可能なダイレ

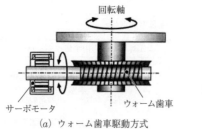

(a) ウォーム歯車駆動方式　　(b) ダイレクトドライブモータ駆動方式

図 3.7　テーブルの回転駆動方式

クトドライブモータ駆動が利用されるようになっている。ウォーム歯車駆動方式とダイレクトドライブモータ駆動方式の利点と欠点は，上述のボールねじ駆動方式とリニアモータ駆動方式の場合と同様である。

3.2 同時制御と補間

　数値制御による同時制御を論じる前に，改めて工作機械の運動制御軸について述べる。工作機械の運動制御軸とは，サーボモータにより駆動される運動軸のことで，基本的に図 **3.8** に示す右手直交座標系に基づいて定義されている。すなわち X 軸，Y 軸，Z 軸は工具や工作物にとって運動可能な直線運動軸を，また A 軸，B 軸，C 軸はそれぞれ各軸周りの回転運動軸を示している。なお，主たる X 軸，Y 軸，Z 軸に平行な第二，第三の直進軸がある場合には，それぞれ U 軸，V 軸，W 軸および P 軸，Q 軸，R 軸と表示される。ここで工作機械の各軸を定めるルールのおもなものを以下に列挙する[1]。

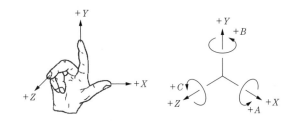

図 3.8　工作機械の運動軸の定義〔JIS B 6310：2003, 附属書 A 図 1〕

- Z 軸は機械の主軸に平行に取る。Z 軸の正の方向は，工作物から工具方向に取る。
- X 軸は可能な限り水平に，そして工作物の取り付け面に平行に取る。フライス盤など工具が回転する機械では，主軸（Z 軸）が水平の場合，X 軸の正の向きは Z 軸の負の方向に向いて右方向に取る。Z 軸が垂直の場合，X 軸の正の向きはコラムに向かって右方向に取る。旋盤など工作物が回転する機械では，X 軸はラジアル方向かつクロススライドに平行に取る。この

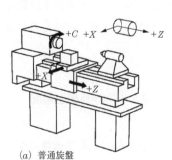

(a) 普通旋盤
(JIS B 6310：2003, 附属書 A 図 2)

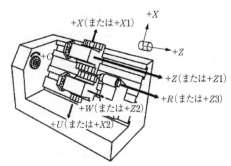

(b) タレット旋盤
(JIS B 6310：2003, 附属書 A 図 3)

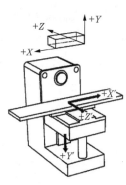

(c) ひざ形横フライス盤
(JIS B 6310：2003, 附属書 A 図 5)

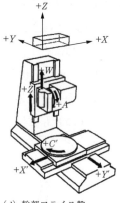

(d) 輪郭フライス盤
(JIS B 6310：2003, 附属書 A 図 14)

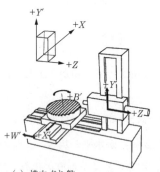

(e) 横中ぐり盤
(JIS B 6310：2003, 附属書 A 図 7)

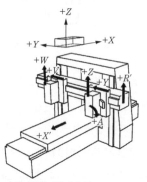

(f) 門形プラノミラー
(JIS B 6310：2003, 附属書 A 図 9)

図 3.9 代表的な工作機械の座標系 (JIS B 6310)

ときの X 軸の正の向きは，回転軸から遠ざける方向に取る。
・Y 軸の正の方向は，右手直交座標系の方向に従う。
・回転軸 A 軸，B 軸，C 軸の正の向きは，それぞれ X 軸，Y 軸，Z 軸の正の方向に右ねじが進む方向に取る。

ここで代表的な工作機械の座標系を **図 3.9** に示す。

　工具あるいは工作物は各軸に沿ってそれぞれ個別に送り運動が与えられることもあれば，二つ以上の軸に沿って相互に連携しながら送られることもある。このとき同時に工具あるいは工作物の送り運動が制御される軸を同時制御軸と呼んでいる。同時制御軸数が 1，2，3 および 5 の場合に，工具あるいは工作物の送り運動によって創成される工作物の形状は **図 3.10** のようになる[2]。当然のことながら同時制御軸数が多いほど複雑な形状の加工を行うことができる。

　送り運動の同時制御は以下のように行われる。いま，**図 3.11** に示すように X–Y 座標からなる二次元平面内で，原点 O（始点）から X 軸に対して θ の角度をなす方向に，速度 V で距離 L だけ進んだ点 P（終点）に工具が移動するものとする。ここで X 方向に $V\cos\theta$ の速度で，また Y 方向に $V\sin\theta$ の速度で，そ

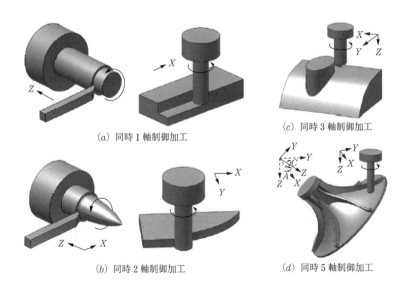

(a) 同時 1 軸制御加工　　(c) 同時 3 軸制御加工

(b) 同時 2 軸制御加工　　(d) 同時 5 軸制御加工

図 3.10　同時制御軸数と加工される形状[2]

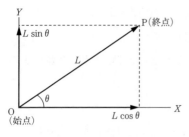

図 3.11 直線補間の考え方

れぞれ $L\cos\theta$ および $L\sin\theta$ だけ同時に移動する指令を出せば始点 O から終点 P に移動することができる。これを**直線補間**という。なお，2 軸以上の運動制御においても同様に考えればよい。

部品形状の定義によく用いられる円や円弧などに沿った移動指令を生成させる場合，プログラマがそれらの曲線に沿って工具や工作物の移動を直接線分に分割してプログラム入力することはプログラマにとって大きな負担となる。現在の CNC 装置には**図 3.12** に示すような補間機能が用意されており，簡単なパラメータを設定するだけで自動的に補間プログラムが生成されるようになっている[3]。

なお，複雑な形状の多軸制御プログラムは，事実上マニュアルで作成するこ

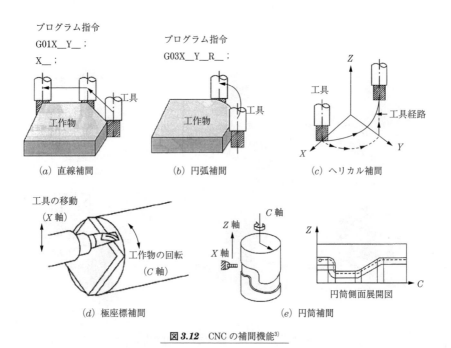

図 3.12 CNC の補間機能[3]

とは不可能であり，CAD/CAM システムや各種自動プログラミングシステムを利用してプログラムが作成される．例えば，金型など自由曲面を滑らかに補間したカッターパス（工具軌跡）を生成することが求められる場合，微小線分で補間すると NC データ量が増大して，データ処理やデータ転送に問題が生じることがある．このような場合の曲線補間に関しては，スプライン補間などの各種数学的な手法が用いられる．その代表的な補間法として **NURBS**（Non-Uniform Rational B-Spline）があり，少ないパラメータで曲線を表すことができるため，容易に必要な精度で補間することができるようになっている[4]．

なお，NC プログラムにおいて工具の移動を指令する場合，**図 3.13** に示すように，始点と終点の位置を座標系における座標値を用いて定義する場合と，始点から終点までの座標値の増分量を用いて定義する場合の2種類がある．前者を**絶対値方式**（absolute system），後者を**増分値方式**（incremental system）という．

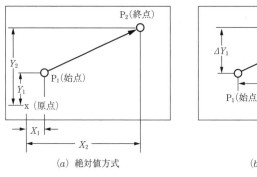
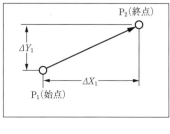

(a) 絶対値方式　　　　　　　(b) 増分値方式

図 3.13　絶対値方式と増分値方式

3.3　NC プログラミング

NC 工作機械を運転するためには，加工図面に基づいて機械の動作順序を記述した NC プログラムを作成しなければならない．ここでは NC プログラミングの基本的な考え方と，その応用について述べる．まず，NC プログラムは特

定のアルファベット（キャラクタ）と数値で表される一連の指令からなるデータのブロックで表される。一つのブロックは**図3.14**に示すように，多くのワードから成り立っており，ブロックの始まりと終わりを示す特殊なキャラクタで仕切られている。ブロックの基本的な構成は以下のとおりで，それぞれの指令（機能）には以下に示す特定のキャラクタが割り付けられている。

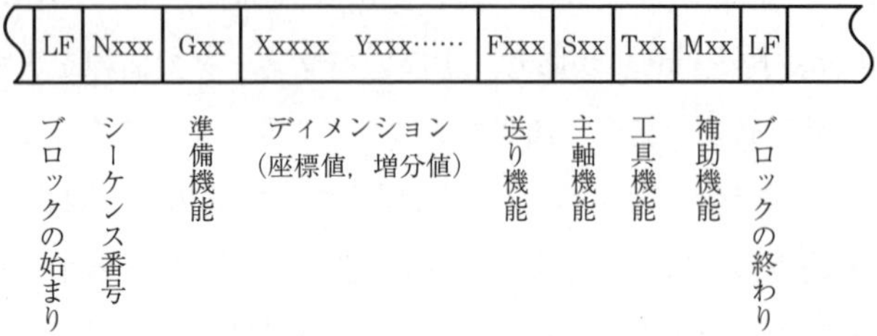

LF	Nxxx	Gxx	Xxxxx Yxxx……	Fxxx	Sxx	Txx	Mxx	LF
ブロックの始まり	シーケンス番号	準備機能	ディメンション（座標値，増分値）	送り機能	主軸機能	工具機能	補助機能	ブロックの終わり

図3.14 NCプログラムのブロックの構成

- シーケンス番号（Nの後に順に番号を入れる）
- 準備機能（G）：位置決め，送り方式，補間方式，工具補正機能などの指定。
- ディメンション（X, Y, Zなど）：それぞれの軸に沿った座標値（absolute dimension）あるいは移動の増分値（incremental dimension）の指定。制御モードはGコードで選択。
- 送り機能（F）：送り速度の指定。毎分当りの送り量あるいは主軸1回転当りの送り量。送り機能の種類はG機能コードで選択。
- 主軸機能（S）：主軸回転数の指定。
- 工具機能（T）：使用する工具の指定。
- 補助機能（M）：プログラムの終了，主軸のON/OFF，クーラントのON/OFF，工具交換の指令など。

NCプログラムに使用されるキャラクタとその意味をまとめて**表3.4**に示す。また代表的なGコードとMコードの例をそれぞれ**表3.5**および**表3.6**に示す。

多くのCNC装置では，プログラミングを容易にするため，種々の付加機能を備えている。例えば**図3.15**は旋削加工における固定サイクルの概念図を示している。旋削加工では工作物の素材の形状と仕上がり形状が定義されており，

3.3 NCプログラミング

表3.4 アドレスキャラクタとその意味

キャラクタ	意味
A	X軸の回りの角度のディメンション
B	Y軸の回りの角度のディメンション
C	Z軸の回りの角度のディメンション
D	特殊軸の回りの角度のディメンションまたは第3の送り機能[1]
E	特殊軸の回りの角度のディメンションまたは第2の送り機能[1]
F	送り機能（F機能）
G	準備機能（G機能）
H	今後とも指定しないから特別の意味に使用してよい
I	指定しない ⎫
J	指定しない ⎬ 位置決めおよび直線切削用として使用してはならない
K	指定しない ⎭
L	今度とも指定しないから特別の意味に使用してよい
M	補助機能（M機能）
N	シーケンス番号
O	使用してはならない
P	X軸に平行な第3の運動のディメンション[1]
Q	Y軸に平行な第3の運動のディメンション[1]
R	Z軸の早送りのディメンションまたはZ軸に平行な第3の運動のディメンション[1]
S	主軸機能（S機能）
T	工具機能（T機能）
U	X軸に平行な第2の運動のディメンション[1]
V	Y軸に平行な第2の運動のディメンション[1]
W	Z軸に平行な第2の運動のディメンション[1]
X	X軸運動のディメンション
Y	Y軸運動のディメンション
Z	Z軸運動のディメンション
:	アライメント機能[2]

(注) 1) D, E, P, Q, R, UおよびWを上に示すように使用しない場合は，それらは，指定しないキャラクタとなり，必要があれば特別な用途に使用してもよい．
2) シーケンス番号のアドレスNの代わりに用いられるキャラクタで，NCテープ上の特定の位置を示すのに用いる．このあとに加工開始または再開に必要なすべての情報が入れられなければならない．
　また，この"アライメント機能"キャラクタは，照合したい位置まで巻き戻して停止の意味に使用してもよい．

一度の切込みで切削を完了させることができない場合，何回かにわたって切込みを設定し直して順に粗切削を行い，最後に仕上げ切削を行うことが多い．この場合の切削配分を自動的に決定したり，あるいはねじ切り切削における切削

表 3.5 代表的な M コードとその機能

コード	機 能
M00	プログラムストップ
M01	オプショナルストップ
M02	エンドオブプログラム
M03	主軸時計方向回転
M04	主軸反時計方向回転
M05	主軸停止
M06	工具交換
M07	クーラント開始（冷却液）
M09	クーラント停止
M13	主軸時計方向回転およびクーラント
M14	主軸反時計方向回転およびクーラント
M15	正方向運転
M16	負方向運転

表 3.6 代表的な G コードとその機能

コード	機 能
G00	位置決め
G01	直線補間
G02	時計方向の円弧補間
G03	反時計方向の円弧補間
G04	ドウェル
G06	放物線補間
G08	加速
G09	減速
G17	XY 面の選択
G18	ZX 面の選択
G19	YZ 面の選択
G33	一定ピッチのねじ切
G41	工具径補正-左
G42	工具径補正-右
G80	固定サイクルのキャンセル

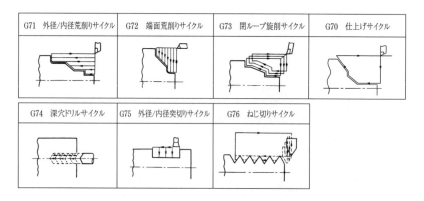

図 3.15 旋削加工における固定サイクルの例

配分を自動的に決定するのが固定サイクルである．また，図に示すドリルによる深穴加工では，一気にドリルを送り込むと切りくずによってドリルが折損することが多いため，適当な深さの加工を行ったあと，いったんドリルを戻して切りくずを排除し，再び送りを与えるという方法が採用される．このような加工上のノウハウをあらかじめプログラムしておき，ドリルの直径と加工深さを

与えると自動的にドリルのステップフィード情報が創成される。

エンドミルを用いて**図 3.16** に示す輪郭切削を行う場合，仕上げられるべき工作物形状とカッタ中心の運動経路は異なる。ここで仕上げ形状を定義することによって，カッタの半径分だけオフセットしたカッタ中心の運動経路を自動的に創成する機能が**工具補正機能**と呼ばれている。同様な補正機能としては，旋盤加工におけるバイト刃先のノーズ半径の補正，ドリルやエンドミルの刃先位置の補正（工具長補正）などがある。ここでNC旋盤による加工の場合について，簡単なプログラムの例を**図 3.17** に示す[5]。

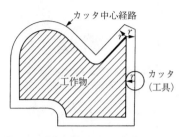

図 3.16 輪郭切削における工具径補正の例

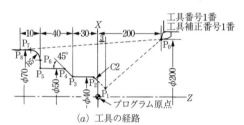

(a) 工具の経路

		プログラム				プログラムの意味
N101	G50	X200.0	Z200.0		(CR)	P_0 点の座標系設定
N102	G00	X30.0	Z3.0	T0101	(CR)	工具補正1番で補正をしながら早送りでP_1に位置決めを行う
N103	G01	X40.0	Z-2.0	F0.2	(CR)	P_1 から P_2 まで F0.2 で面取りを行う
N104			Z-30.0		(CR)	P_2 から P_3 まで F0.2 で外径を切削する
N105		X50.0	Z-35.0		(CR)	P_3 から P_4 まで F0.2 でテーパ削りを行う
N106			Z-70.0		(CR)	P_4 から P_5 まで F0.2 で外径を切削する
N107		X60.0			(CR)	P_5 から P_6 まで F0.2 で端面を切削する
N108	G03	X70.0	Z-75.0	{R5.0 K-5.0	F0.15 (CR)	P_6 から P_7 まで F0.15 で円弧切削を行う G03で反時計回り。X, Zの値は円弧の終点の座標値。R5.0 および K-5.0 はどちらか一方を指令すればよい
N109	G01		Z-80.0		(CR)	P_7 から P_8 まで F0.15 で外径を切削する
N110	G00	X200.0	Z200.0	T0100	(CR)	工具補正をキャンセルしながら早送りでP_0へ位置決めし，プログラムを完了する

（注）送り速さの指定は切削条件により異なる。

(b) プログラムとその意味

図 3.17 NCプログラムの例（旋削）[5]

図 3.18 CNC 工作機械の操作パネルの例（DMG 森精機）

NC プログラムに関しては，一般的にあらかじめ工作機械のオペレータやプログラマがプログラムを作成し，それを CNC 装置に読み込ませて NC 機械を駆動するが，加工現場においてはオペレータが操作パネルを介して直接キーボードを使ってプログラムを入力したり（**MDI**：Manual Data Input），対話形自動プログラミング機能を利用して CNC 装置に入力することもある。そのため，ユーザにとって使いやすい制御盤が制御機器メーカや工作機械メーカから提供されている。このような制御盤の例を**図 3.18** に示す。対話形プログラミングにおける一般的な処理の流れは**図 3.19** に示

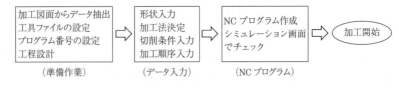

図 3.19 対話形入力によるプログラミングの標準的な形

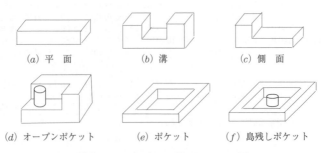

図 3.20 フライス加工の加工メニューの例

すとおりである。ここで例えばフライス加工を選定すると，**図3.20**に示すような加工のメニューが表示され，オペレータは選択した加工メニューに応じて必要なデータを入力する。多くの対話形プログラミングにはNCプログラムを作成したあとに，画面上で加工のシミュレーションを実行して，オペレータがプログラムのチェックができるようになっている。一度作成されたプログラムはそのままメモリに保存され，必要に応じて呼び出して再度加工を行うことができる。

　最近ではCADシステムが発達し，製品や部品設計に広く利用されている。CADを用いて設計された部品の加工情報は図面として工作機械オペレータに伝達されることもあるが，CAD/CAMシステムや自動プログラミングシステムを利用することが多く，特に複雑な形状の加工，多軸制御加工ではこうしたCAMや自動プログラミングは必須といえる。これらのシステムでは，まずCADシステムを用いて作成された形状データをもとに，工具の動きを表す**CL**（Cutter Location）データが作成される。そのあと，ポストプロセッサと呼ばれるプログラムで，CLデータから特定のNC工作機械の座標系に合わせた運動情報に変換するとともに，加工条件データなどを参照しながら主軸速度情報，送り速度情報を加味してNCデータが作成される。こうして作成されたNCデータは，通信回線を通じて直接CNC装置に送られるか，フロッピーディスクやメモリカードなどの媒体を利用して，CNC装置に入力される。本書ではCAMや自動プログラミングシステムについては省略する。

3.4　多軸加工機と複合加工機

　ターニングセンタやマシニングセンタ，さらには5軸マシニングセンタや複合加工機など多くの同時制御軸数を有する工作機械の特徴としては，まず従来の工作機械では加工不可能であった複雑な形状の加工を行うことができる点があげられる。ついで，ひとたび工作物を工作機械に取り付けると，粗加工から仕上げ加工に至るまで必要な加工をそのままで行うことができるため，工程集

約を行うことによる能率の向上，工作物の取付け取外しに伴う加工精度の劣化が防止されることによる加工精度の向上があげられる．実務的な利点としてはこのほか，重量工作物を取り外して再度取付けを行う場合に，落下に伴う工作物損傷防止もあげられる．

また，必ずしも多軸の同時制御加工を行わないまでも，回転軸を利用して工作物の取付け角度を任意に設定することができるため，加工の能率や精度が向上する場合がある．具体的には5軸マシニングセンタにおいて，回転2軸によって工作物の傾斜を最適に設定したあと，同時3軸制御による加工を行うことがある．このような加工法は**3＋2軸制御加工**と呼ばれている．5軸制御加工と3＋2軸制御加工の比較を**図3.21**に示す．回転2軸を利用して加工される形状に対して最適な角度に工作物を設定し，直交3軸で加工を行う3＋2軸加工は，複雑な5軸制御NCプログラムを作成することなく加工を行うことができるという利点を有している．また，**図3.22**に示す例では，NCプログラムの簡

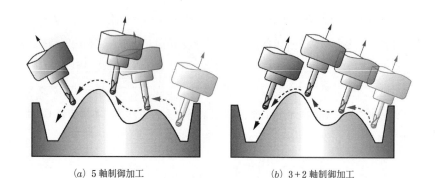

(a) 5軸制御加工　　　　　　　　(b) 3＋2軸制御加工

図3.21　5軸制御加工と3＋2軸制御加工

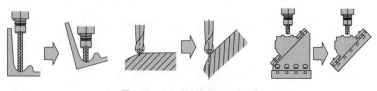

図3.22　3＋2軸制御加工の利点[6]

素化に加えて以下のような利点を有している[6]。

- エンドミルの突き出し量（オーバーハング）を短くして剛性をあげて切削することができる。
- 深穴や深い面の加工を行うことができる。
- （ボール）エンドミル加工において最適な工具姿勢（向き）で加工することができる。
- 治具や工作物取付け具を簡単にすることができる。

対抗する二つの主軸と，刃物台に主軸（B軸付き）を取り付けた代表的なターニングセンタを用いると，複雑なプログラムがなくても，**図3.23**に示すような各種の加工を行うことができる。代表的な複合ターニングセンタとその軸構成および加工部の詳細の例を**図3.24**に示す。

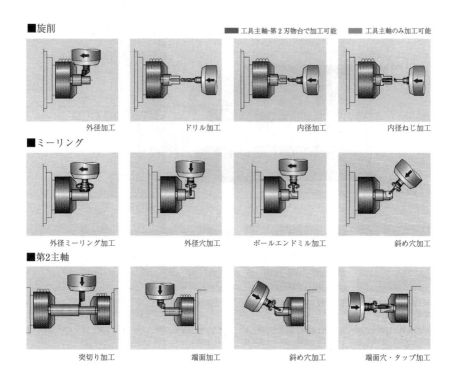

図3.23 ターニングセンタによる各種の加工例（DMG 森精機）

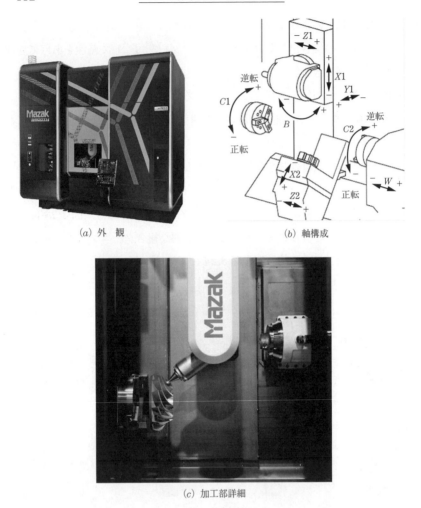

(a) 外観　　(b) 軸構成

(c) 加工部詳細

図 3.24 複合ターニングセンタの例（INTEGREX，ヤマザキマザックの厚意による）

　代表的な立形マシニングセンタに回転軸を付加して5軸マシニングセンタとする場合の，可能な軸構成を**図 3.25** に示す。現在最も一般的な軸構成は**図 3.26**(a) に示すティルティングテーブル形式であり，回転テーブルにティルティング機能を持たせたものでトラニオン形式と呼ばれている。大形の航空機部品の加工のように，工作物が大きい場合にはテーブルに回転機能を持たせる

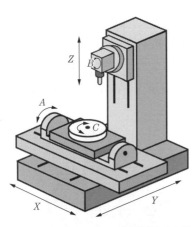

(a) ティルティングテーブル

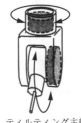

(b) ティルティング主軸

図3.25 マシニングセンタの直線軸と回転軸　　図3.26 マシニングセンタの回転軸の例

ことは実用的ではなく，図(b)に示すようなティルティング主軸が用いられる。5軸マシニングセンタを用いて，インペラとヘリカルベベルギアを加工してる状況を図3.27に示す。この例に示すように，従来の工作機械ではほとんど加工不可能であった形状の工作物が比較的容易に加工されるようになっている。

(a) インペラの加工　　　　　(b) ヘリカルベベルギアの加工

図3.27 5軸マシニングセンタによる加工例（DMG森精機の厚意による）

また図(b)に示すように，歯車の加工は専用の工作機械やホブ盤を用いないでも加工することができるようになっており，非量産の歯車加工は5軸マシニングセンタに置き換わられつつある。このほか，歯車加工に関してはスカイビング加工という新しい加工法が開発され，マシニングセンタで加工されるようになってきている。代表的な5軸マシニングセンタとその軸構成を**図3.28**に示す。

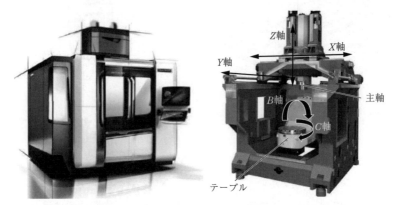

図3.28 5軸マシニングセンタとその軸構成の例（DMG森精機の厚意による）

特色ある5軸加工機として，超精密5軸加工機の例を**図3.29**に示す。この機械の軸構成とおもな仕様は図(b)に示すとおりで，直進軸のプログラム上の指令単位は1nmであり，制御の分解能としては0.1nmを実現している。回転軸には空気静圧軸受を使用し，直線運動軸には特殊なV-V転がり案内を使用している。超精密工作機械では，後述するように工作機械の熱変形と振動がきわめて重要となる。この機械は当然恒温室に設置されるが，さまざまな熱変形対策が施されている。また，外来振動による影響を除くために，機械本体は空気式のサスペンションで支えられている。実際の加工例として，マイクロレンズ金型のエンドミル加工を行っている例を図(c)に示す。超精密加工機は，光学部品やその金型などきわめて高精度で，しかも良好な仕上げ面が要求される場合に用いられ，使用工具としては多くの場合，きわめて高精度で鋭利な切れ刃を有する単結晶ダイヤモンド工具が使用される。ただし，単結晶ダイヤモンド工

3.4 多軸加工機と複合加工機

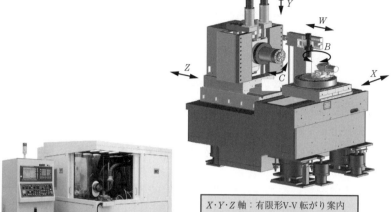

$X \cdot Y \cdot Z$ 軸：有限形V-V転がり案内
$X \cdot Y \cdot Z$ 軸駆動：コア付リニアモータ
$C \cdot B$ 軸：空気静圧軸受
$C \cdot B$ 軸駆動：同期モータ
制御分解能($X \cdot Y \cdot Z$ 軸)：0.1 nm
プログラムの指令単位：1 nm

(a) 加工機外観　　　　(b) 加工機の軸構成とおもな仕様

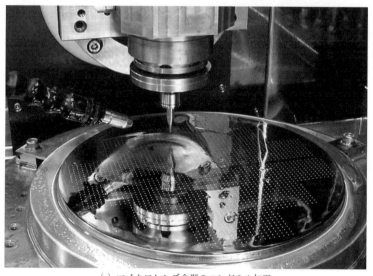

(c) マイクロレンズ金型のエンドミル加工

図 3.29　超精密5軸加工機の例（ULG-100D，東芝機械の厚意による）

具はアルミニウムや銅など，限られた材質の工作物しか加工することができず，基本的に一般的な鋼類の加工には適していない。

特に，複雑な形状の部品を製造する方法として，最近では除去加工の逆である**付加製造**（**AM**：Additive Manufacturing，積層造形）が注目を浴びている。積層造形は部品を薄い層状に輪切りしたものを下から順に積み上げて成形する方法で，従来は樹脂が多く用いられていた。最近では**図3.30**(a)に示すように，レーザを利用して金属粉を溶融させて積層する技術が進歩してきており，複雑形状部品の新たな加工法として開発が進められつつある。

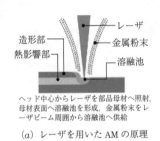

(a) レーザを用いたAMの原理

(b) AMと切削加工による仕上げ

図3.30 レーザを用いたAMと切削加工の組合せ例（ヤマザキマザックの厚意による）

特殊な材質の航空機部品など，形状が複雑で生産量が少ない部品加工では，CADデータを用いて直接加工することができるため有望視されている。現状におけるAMの欠点は，積層していくために加工時間がかかることと，仕上げ面の粗さが切削加工ほど良好でないことにある。そこで近年新たな複合加工機として，切削加工とAMを組み合わせ，ある程度積層したあとに切削加工で面を仕上げ，さらにその上に積層する（図(b)）工作機械も開発されている。**図3.31**は複合ターニングセンタのフライス主軸の代わりにレーザヘッドを装着し，レーザAMによる付加加工を行っている例を示す。

複合加工機としては，マシニングセンタの切削機能に加えて，レーザによる焼入れ機能を追加したり，研削機能を追加した工作機械が開発されている。また加工終了後に工作物を取り外して計測装置で計測を行って加工精度を検証するのではなく，工作機械に計測装置を組み込んだ機上計測が注目

図 3.31 複合ターニングセンタによるレーザ AM
（ヤマザキマザックの厚意による）

を浴びている。機上計測装置としては，三次元測定器などに用いられているタッチプローブを利用した接触式のものや，レーザ計測装置を用いた非接触式のものがある。工作機械にとっては，機上で計測を行っている時間が必要となるが，加工後に専用の計測装置を用いた計測を省略することができるという利点がある。さらにまた機上計測で得られた部品形状を当初の CAD データと比較し，必要に応じて修正加工を行うことも試みられている。

3.5 高度な NC の制御と工作機械

従来の工作機械では，基本的にあらかじめ決められた情報に基づいて，できるだけ正確に工具と工作物の相対的な位置決めを行い，正確な相対運動を実現することが主眼であった。すなわち実際に工具と工作物が干渉して切削・研削加工が行われる加工プロセスに関しては，経験的な知識に基づいた仮定の上に NC プロググラムが作られていたといってよい。例えば，重切削を行えば当然加工力による変形が生じ，また良好な仕上げ面を得ることが難しいため，加工プロセスを粗加工と仕上げ加工に分け，最終仕上げ加工では切込みや送りを小さくして良好な結果を得ることが，いわば加工上のノウハウであった。これに対して加工プロセスの状態をセンサで検出し，その情報に基づいて加工条件を変更する制御方式を**適応制御**（**AC**：Adaptive Control）という。

最も簡単な適応制御の概念を**図 3.32** に示す.図はドリル加工における切削トルクを主軸モータの電流値から間接的に推定し,その値に基づいて送り速度を制御する例である.ドリル加工では図(b)に示すように,一般にドリルが工作物に切り込んで切削を始めると切削量の増加に伴ってトルクが増大し,一定の切削状態に達する.このときドリルの進行に伴ってトルクは徐々に増加し,ドリルが工作物を貫通する瞬間に不安定となって大きなトルクが発生する.そのため一般にはドリルが折損しないように最大トルクの値を勘案して送り速度が控え目に設定され,加工時間は長くなる.トルク一定の適応制御では,つねにトルクが一定となるように送り速度が調整される.具体的には図(c)に示すように,ドリルが工作物に接するまでは最高の送り速度でドリルが送られ,切り込み始めるとトルクに応じて送り速度を低下させる.また,定常切削状態では徐々に送り速度が下げられ,最後にドリルが工作物を貫通するときには一気に送り速度が下げられて,トルクがあらかじめ設定した値を超えないようにする.このような適応制御を採用することにより,トルクが許容値を超えないで

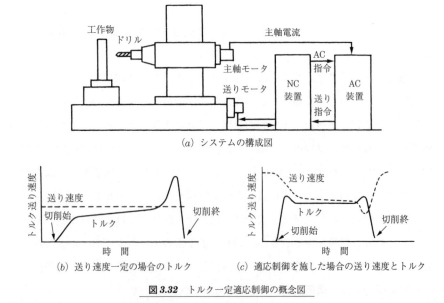

(a) システムの構成図

(b) 送り速度一定の場合のトルク (c) 適応制御を施した場合の送り速度とトルク

図 3.32 トルク一定適応制御の概念図

加工が行われるため，ドリルが折損することなく加工時間を短縮することができる。この例のように，加工プロセスの状態を代表する特性値が設定した値を超えないように制御する方式を**拘束形適応制御**または**制約形適応制御**という。適応制御には，このほか最終的な加工誤差を一定値以下に抑えて，加工精度を保証するようにした**幾何学的適応制御**，加工コストなどの評価関数を設定し，与えられた拘束条件の範囲内で評価関数の値が最大（あるいは最小）になるようにする**最適化適応制御**などが検討されているが，いずれも実用にはなっていない。適応制御があまり実用化されていない原因の一つは，加工中にプロセスの状態を精度よく検出するセンサの開発が遅れていることにある。

その一方で，加工プロセスや工作機械の挙動に対する科学的な理解が進み，多様な制御が試みられている。例えば，NC加工において工具経路が決定され，NCプログラムを作成するにあたって，加工プロセスのシミュレーションを行って，加工中に発生する加工力を正確に推定することができれば，あらかじめ予測される切削力に対応した最適な切削条件（例えば送り速度）をNCプログラムに入れ込むことができる。これは上述した適応制御に対して，いわばシミュレーションによるオフラインの適応制御ともいえる。最近ではCAD/CAMシステムにこのような機能を追加する試みが行われている。フライス加工のシミュレーションに基づいて送り速度を変化させ，金属除去率を向上させるプログラムの結果を示す表示の例を**図 3.33**に示す。詳細は省略するが，下半分に示す図は，当初のプログラムによる金属除去率に対して切削条件が最適化されたあとの金属除去率を示している。通常のNC制御による加工に対して，上記の適応制御やシミュレーションに基づく加工条件の最適化の考え方をまとめて**図 3.34**に示す。なお，通常のCAD/CAMによるNCプログラムを用いないで，加工プロセスのシミュレーションに基づいて工具経路も含めて自動生成する試みもある[7]。

CAD/CAMシステムなどを用いてNCプログラムを作成して加工を行う場合，あらかじめプログラムに間違いがないか十分チェックする必要がある。仮に，加工プログラムが正確であっても，工具や取付け具の形状によっては，加工中

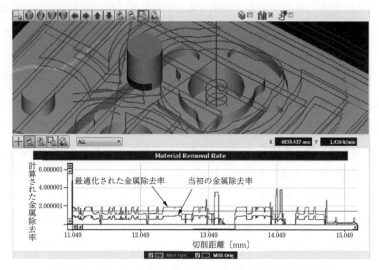

図 3.33 シミュレーションに基づく加工条件の最適化結果の表示例
（MachPro による結果，MAL 社）

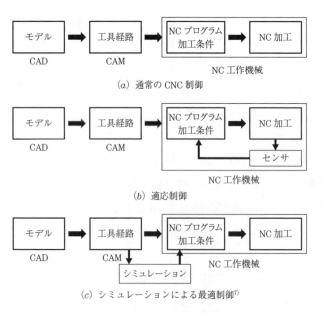

図 3.34 通常の NC 加工と加工条件最適化の比較

にそれらが干渉し，衝突する危険がある。このような衝突チェックは一般のCAD/CAMシステムでは取り扱わないので，通常は実加工の前に実際に工具や工作物を取り付けた状態で，プログラムの1ステップごとに工作機械を動かして確認することが行われている。**図3.35**は衝突防止システムの一例を示したもので，ここではあらかじめ治工具や工作物の形状モデルを制御装置内に作成しておき，実加工中に当該加工の動作指令に先行してリアルタイムでシミュレーションを行って干渉検知を行い，干渉することが予想される場合には自動的に機械動作を停止して実際の衝突が発生しないようにしている。すなわち，実際の機械制御と制御装置内の仮想機械制御を同期させることによって，衝突防止を行うシステムである。

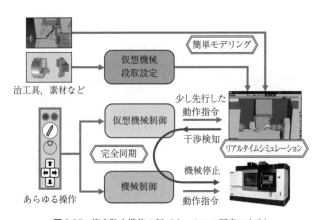

図3.35 衝突防止機能の例（オークマの厚意による）

工作機械の加工精度，生産性を阻害する重要な要因として，工作機械の熱変形と加工中に発生する「びびり振動」があることはすでに述べた。これらの現象については6章で詳しく述べるが，すでに実用化されている技術について述べる。工作機械の駆動によって発生する熱変形のうち，最も重要なのは主軸回転に伴う発熱が原因の主軸周辺の熱変形である。また，長時間運転においては，工作機械が設置されている環境の温度変化に伴う工作機械構造の熱変形も無視することができない。そこで，工作機械の運転情報と機械の温度情報から

工作機械の熱変形を推定し，熱変形を補正するシステムの概要を図 **3.36** に示す．工作機械の熱変形は時定数が大きく，ゆっくりと生じるため，このシステムでは適当な時間に NC 制御装置の原点を修正して熱変形に伴う加工誤差を補正している．

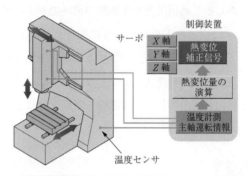

図 **3.36** 工作機械の熱変形補正システムの例（オークマの厚意による）

加工中に発生するびびり振動は，一般に切込みをある限界以上に大きくすると発生する．この限界値は，主軸回転数によって大きく異なり，工作機械系の動剛性と加工条件で決まる特定の主軸回転数を選択すると，びびり振動はほとんど回避することができる．工作機械系の動剛性をあらかじめ測定して最適な主軸回転数を求めることはできるが，動剛性は工具の形状や寸法，また工作物の寸法・形状などによって変化するため，事前の計測は必ずしも実用的ではない．図 **3.37** に示す例では，加速度計を用いて加工中に発生する振動を計測し，周波数分析を行うとともに，現在の主軸回転数を考慮してびびり振動が発生しているか否かを判定するとともに，びびり振動が発生していると判定した場合には，自動的にびびり振動が発生しない主軸回転数に主軸の回転速度を変更するシステムである．

本節で紹介した高度な制御は単に工作機械の運動制御だけでなく，加工プロセスや加工環境の情報も含めて工作機械を制御することによって，加工精度や加工能率の向上を図ろうとするものである．将来的には結果として得られた工作物の加工品質，工具や切りくずの状態などに関する情報もフィードバック

3.5 高度なNCの制御と工作機械

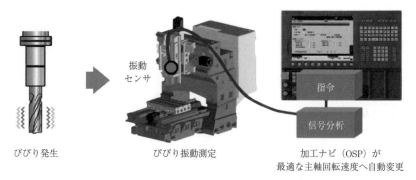

図3.37 びびり振動回避システムの例（加工ナビ，オークマの厚意による）

し，さらにより高度の制御が行われることが期待される．その場合，高度なセンシング技術，大量のデータを取り扱い学習する**人工知能（AI：Artificial Intelligence）**技術，熟練した技能者が有する知識，ノウハウ，スキルを活用する技術などが必要とされるであろう．こうした高度な工作機械を**知能化工作機械**と呼ぶこととし，その概念図を**図3.38**に示す．なお，図中の破線で示す診断情報は，工作機械の稼働中（空転中あるいは実加工中）の振動や温度，運動指令に対する実際の動きやモータ電流などの情報を指し，こうした情報から工作機械の健全度を診断することも行われつつある．

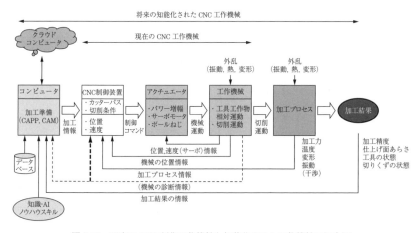

図3.38 現在のCNC制御工作機械と知能化された工作機械の概念図

演習問題

〔**1**〕自動盤を含む在来形のアナログ工作機械と NC 工作機械の利点と欠点を比較せよ．

〔**2**〕自動プログラミングの歴史と，現状の技術について調べよ．

〔**3**〕工作機械以外の自動化された機械（例えば産業用ロボットなど）の制御方式を調査し，NC 工作機械の制御方式と比較せよ．

〔**4**〕NC によるテーブルの直線運動を行うサーボ系を構成する各要素（モータ，歯車，ボールねじ，ブラケット，テーブルなど）の動特性を調べ，サーボ系全体の応答特性について検討せよ．

〔**5**〕将来の知能化された工作機械の実現に向けて研究・開発すべき課題について論ぜよ．

4

工作機械と計測システム

　工業先進国では，付録で触れているように，いくつかのフレキシブル生産セル（FMC：Flexible Manufacturing Cell）を集積したフレキシブル生産が普遍化しているほかに，中小企業でも単独稼働の FMC を設備していることが多い。また，一台の機械への「加工機能の集積」が進み，例えばミルターンを一台設備すれば多くの加工要求に対応できるようになっている。しかし，場合によっては**研削センタ**（**GC**：Grinding Center）が必要になり，「加工セル」の形態になることもある。「加工セル」は，機種の異なるいくつかの NC 工作機械を設置する形態が一般的であり，さらに素形材の準備のために在来形工作機械を設置していることもある。

　要するに，企業規模にかかわらず，FMC や加工セルが多用され，そこでは自動化が極度に進められる一方，配置される運転要員は減る一方である。このような状況は，自動化のレベルを別にすれば，工業先進国に追い付くべく努力しているアジア諸国やアフリカでも同じである。ちなみに，2000 年代のベトナムでは，在来形工作機械と NC 工作機械が同時に設置された加工セルの形態が普及しつつある。

　したがって，一人の運転要員が一台の機械を取り扱っていた在来形工作機械の時代とは異なって，運転要員が不在でも機械が健全に稼働して，なんらの問題なく工作物が加工要求のとおりに仕上げられることが大前提となる。それに

は，運転要員に代わって，システム，機械単体，ならびに機械の加工空間を監視・統制できる機能の核である計測システムの装備が必要，不可欠であり，それは具体的にはつぎのような役割を果たさなければならない[†]。

① システム，機械単体，ならびに加工空間がなんらの問題もなく健全な稼働状態であることの監視。

② NC工作機械では，ほとんど多くの場合に「抜取り検査」も不要なレベルで要求される部品を仕上げることができるが，それでも加工中の工作物や工具の状態の認識。

③ NC制御を高度化した適応制御やフィード・フォワード制御などの入力信号の獲得。

ところで，計測システムは，① 加工中に行われる**インプロセス計測**（in-process measurement），② 加工工程間で行われる**ビトウィーン・プロセス計測**（between–process measurement），ならびに ③ 全加工工程が終了したあとに行われる**ポストプロセス計測**（post–process measurement）に分けられる。また，特に機械に積載したままで工作物の形状・寸法，あるいは機械に装着したままで工具の摩耗状況を加工途中で測定することを**機上計測**（on-machine measurement）と呼んで区別することもあり，これはビトウィーン・プロセス計測の一つの形態とみなせる。

後述するように，計測システムでは在来の方法の高度化が技術開発の主流ではあるが，例えば，レニショー社によるパラレルリンク機構を用いた三次元測定機の商品化（商品名 Equator 300型）のような興味ある試みも行われているので，新たな動向の調査研究を怠らないことが大切である。この測定機は，パラレルリンク機構工作機械の主軸の位置に測定用プローブを設けた形態であり，比較測定法を用いている[2]。

図4.1には，オークマが商品化したパラレルリンク形MCを示してあり，**自動工具交換装置**（**ATC**：Automatic Tool Changer）の代わりに自動計測プロー

[†] 加工空間は，空間の周辺に配置された本体構造要素（大物部品）−アタッチメント−工具−工作物系から構成される。

 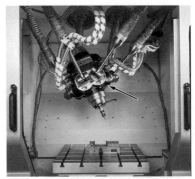

機械の全体像　　　　　　　　加工空間の情景

図4.1 パラレルリンク形 MC-PM-600型（オークマの厚意による，2016年）

ブ交換装置を設けて，主軸に切削工具の代わりに計測プローブを装着すれば，三次元測定機となる。オークマの場合にも ATC にタッチプローブを収納して機上計測のできる仕様のものがユーザに提供されている。

さて，これらのうちポストプロセス計測では，すべての加工が終了したあとに，工作物を機械から取り外して，部品図記載のとおりに仕上がっているかを確認する。高い品質を要求される部品を対象に三次元測定機を用いて計測をすることが多いが，万が一不良品であった場合には，その手直しには多大の費用と時間を要する。また，ロット生産であれば，ポストプロセス計測の展開形とみなせる抜取り検査を行うこともあるが，検査結果が「否」とわかるまでに数多くの不良品を産み出すこともある。

ビトウィーン・プロセス計測，あるいは機上計測であれば，これらの欠点を補えるが，加工を中断して計測を行うので，結果として加工時間が長くなる。また，ビトウィーン・プロセス計測で工作機械から工作物を取り外して，検査ステーションへ移送して測定を行うこともあるが，工作物の再取付け精度の確保の難しさのために，品質保証の点で問題が起きることもある。

そこで，むだ時間を極力削減したいという現今の加工要求に対しては，稼働

しているシステムや機械本体，さらには加工中の工具や工作物の時々刻々の状態が認識できるインプロセス計測が特に重要となる。そこで，工作機械単体を取り上げて，インプロセス計測の対象となる状態量を以下のように分類したあとに，それぞれの測定対象の詳細とそれに使用可能なセンサを**図 4.2**に示す。

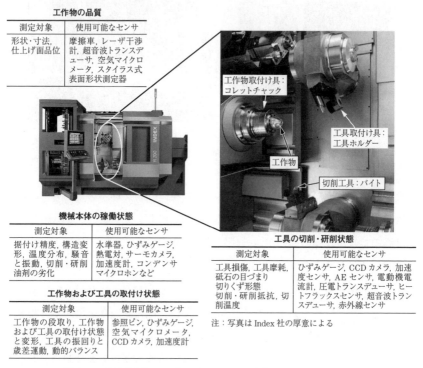

図 4.2 工作機械本体および加工空間に必要な計測システムとそのセンサ

① 工作物の寸法，形状，ならびに仕上げ面品位
② 工作物および工具の取付け状態
③ 切削・研削抵抗，工具損耗，ならびに切りくず形態
④ 機械本体の稼働状態

さて，図 4.2 をみると，検出すべきいろいろな状態量に対して数多くのセンサが提案され，研究や技術開発がなされてきたことがわかる。そして，考えられる原理，方法などに基づくセンサは，現在までにすべて検討されつくしたと

いっても過言ではない状況にある。事実，1980年代後半から1990年代後半の10年間には，従来から知られているセンサの機能および性能の向上に努力がそそがれ，本質的，あるいは革新的な新しいセンサ技術はなんら提示されていない[†]。なお，4.2節以降でも触れているが，1990年代後半から現在に至るも，同じ路線を歩んでいるといってもよいであろう。

　問題は，非常に数多くのセンサが提案されているが，その多くは学術研究として評価できても，実際の加工環境での使用に耐えられないことである。これは，加工空間には油ミストや粉塵が浮遊し，切りくずが飛散していること，その結果として外乱因子が多く存在することなど，一言でセンサにとって悪環境が原因である。そこで，新しい実用性のあるインプロセス計測に的を絞って論じることも必要となる。

　例えば，2000年代以降では，渦電流センサを複数個以上組み込んだ**制約形適応制御**（**ACC**：Adaptive Control Constraint）用MC主軸が商品化されている。このMCでは，航空機部品の単位時間当り切りくず除去量最大をねらって，切削抵抗の計測による送り速度の制御を行っている（電動機出力100 kW以上，最高主軸回転数30 000 rev/min程度）。なお，この計測システムの実用性で忘れてはならないのが，センサ・フュージョンであるので，これについては，特に4.1節で説明している。

　ところで，計測システムは，①生じている現象（状態量）を把握するためのセンサ，②センサの出力信号の伝送装置，ならびに③出力信号の処理装置からなっている。そして，応答性や信頼性というセンサに要求される基本的な特性，センサを回転体に組み込んだときの電力の供給と出力信号の取出し方，ならびに出力信号を迅速に処理して，必要な情報を正確に抽出する方法を十分に理解する必要がある。なお，加工空間との関係でセンサの設置場所が制約され，それがセンサの性能に影響を及ぼすこと，また，同じセンサを用いても，

[†] 4.2節以降の各節の冒頭には，関連するインプロセス計測の全体像を把握する一助として，これまでに行われた学術研究，また，開発された実用技術，さらに実用には供されたものの，その後に消え去った技術を一枚の図にまとめてある。

出力信号の処理方法によって異なる情報が得られること,さらに,同じ状態量を同じセンサで検出するのに信号処理方法が違う場合もあることにも注意する必要がある。しかし,これらはセンサによって異なることが多いので,適切と考えられるセンサのところで説明を行っているが,理解を容易にするために,ここでいくつかの代表例を示しておこう。

〔**1**〕**センサに要求される基本的な特性──水晶圧電形切削抵抗測定器の場合**　インプロセス計測では,加工中に生じる力,すなわち加工抵抗の大きさと作用方向(加工抵抗の合力)を測定対象とすることが多い。しかし,一般的に作用方向は加工条件で異なり一義的には決まらないので,機械内に設けた直交座標に従って加工抵抗を三つの分力に分けて考えるのが一般的である。**図4.3**には,代表的な機械加工である旋削における合力と三つの分力を示してあり,切削速度の方向,バイトの送り方向,ならびに切込み方向に対して,おのおの**主分力**,**送り分力**ならびに**背分力**と呼んでいる。

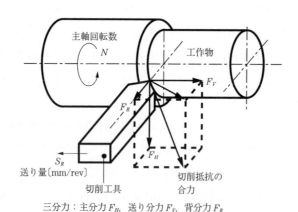

三分力:主分力 F_H, 送り分力 F_V, 背分力 F_R

図4.3　切削抵抗の合力と三分力

ところで,加工抵抗の測定で実用に供されているセンサの代表格は水晶圧電形荷重検出セルを核とする切削抵抗測定器(切削動力計)である。そこで,このセンサを例に,要求される基本的な特性を説明しよう。

まず,**表4.1**に,切削抵抗測定器に要求される基本的な特性をまとめてある。

4. 工作機械と計測システム

表 4.1 切削抵抗測定器に要求される基本的な特性

① 高い固有振動数
② 高い剛性と高い感度
③ 検出対象の特性値と出力信号の直線性───── ヒステリシスのない出力信号
④ 測定すべき三分力間の相互干渉の最小化 ┬── 切りくずの流れによる干渉排除
⑤ 信頼性の高い測定値 ────────────┼── 原点浮動のないこと
⑥ 測定範囲の広さ ┼── 温度変化によるドリフトの低減
⑦ コンパクト性および工具の収納性 └── 較正の容易さ
⑧ 応答特性に測定荷重の作用点による影響のないこと

　これらの要求の中には，「高い剛性と高い感度」のように相反する要求が含まれている。例えば，作用する力によって変形する弾性体をセンサの検出子に用いると，刃先位置を確保するために検出子の剛性を上げれば，変形が小さくなり感度が鈍くなる。逆に感度を上げようとすれば，剛性が低下して加工に不都合が生じる。

　さて，周知のように，水晶に力を加えると電荷が生じることはキューリ兄弟により19世紀に発見され，その特徴は「零に等しい変形下で大きな電荷を生じる」ことにある。これは，剛性を確保しながら高い感度を得られることを意味していて，切削抵抗測定器として非常に望ましい特性である。しかし，その反面，水晶で生じる電荷は漏洩しやすく，また，湿気の影響を受けやすいなどの欠点がある。

　そこで，これらの欠点を克服して1970年代にKistler社（スイス）が実用性に優れたものを市販するようになり，現在では多くの場合に世界標準とも目されている。**図4.4**に，Kistler社の水晶圧電形荷重検出セル（圧電トランスデューサ）の構造を示す。図にみられるように，水晶の電気軸に平行に切り出した素子がせん断力を感知できることに着目した点が高く評価できる。すなわち，機械軸に平行に切り出した素子が圧力を感知するので，これとせん断力を感知する素子2枚（たがいに90°で交差）を組み合わせて，コンパクトな荷重検出セルを完成させている。これにより，切削抵抗の三分力が精度良く，しかも相互干渉が非常に少ない状態で測定できる。ただし，水晶圧電素子は，温度変化によるドリフトが大きいという欠点を有しているので，後述するような工

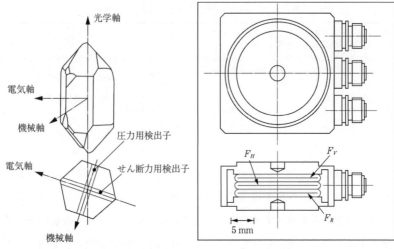

図 4.4　水晶圧電形切削抵抗測定器の基本構成 – 荷重検出セル．（Kistler 社による，1970 年代）

夫が施されている．

〔2〕回転体からのセンサ出力信号の受信方法　機械加工では，工作物，あるいは工具が回転していることが多く，そのような回転体にセンサを組み込むことも多い．そこで，回転体へのセンサ用電力の供給およびセンサからの出力信号の取出しが大きな問題となる．

　一般的には，スリップリングを用いるが，ブラシとリングの接触で生じるノイズが大きいという問題がある．これに対して，水銀カップリング（水銀を用いたスリップリング）は，水銀接点を使うのでノイズの問題はなく，微少な出力信号でも伝達可能であるが，水銀の酸化による伝達性能の低下や人体への悪影響が問題となる．

　ちなみに，水銀カップリングの市販品では十分に安全対策をとられているものの，最近では使用されることは少ない．

　これらに対して広く使われているのが，図 4.5 に示すような**周波数変調**（**FM**：Frequency Modulation）を用いる方法である．図の例では，チャックの爪に貼付けたひずみゲージで把握力を検出している[29]．なお，ひずみゲージ用

4. 工作機械と計測システム

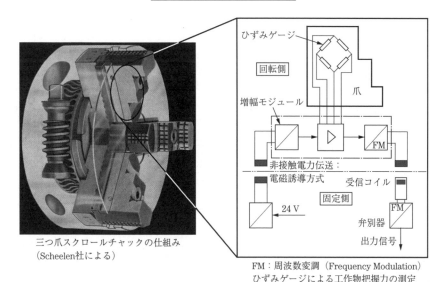

三つ爪スクロールチャックの仕組み
(Scheelen社による)

FM：周波数変調（Frequency Modulation）
ひずみゲージによる工作物把握力の測定

図4.5 FMを用いた回転体からのセンサ出力の取出し方法（SpurとMetteによる）[29]

電力は電磁誘導を用いて供給している[†]。

この Spur らが旋削やフライス削りで用いた FM の手法は，最近では Klocke らによってシリコンウエハやサファイヤウエハの定圧回転研削法に適用されている[††]。この場合には，一つのセグメント砥石の位置に三成分動力計（圧電トランスデューサ）を，また，砥石フランジ内に出力情報の送信器を組み込んで，十分な水密対策を施したうえで加工中の研削抵抗の変化を調べている。なお，厚さ2mmのサファイヤウエハの場合には，波長1～5μmの赤外線を用いて研削点の温度も測定している[15]。

〔3〕同じセンサで同じ状態量を検出する際の異なった信号処理方法　現今

[†]　図4.5に示したものと同じ方法は，4.3節で述べるように，1985年に秋田高専の門脇教授によって試みられている。

[††]　シリコンウエハの定圧回転研削法は，日立精工の松井敏氏（後に高知工科大学教授）によって，1988年に開発され，公表されている。それにもかかわらず，Klocke教授らは2000年に公表した論文で松井氏の業績の先行性を無視している。
F. Klocke, O. Gerent und D. Paehler, Effiziente Prozesskette zur Waferfertigung. ZwF; 95-3: p. 79-81. (2000)

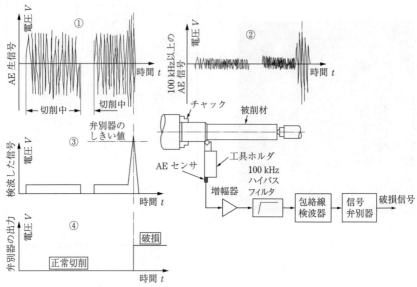

(a) しきい値の設定による判別方法（垣野らによる）[5]

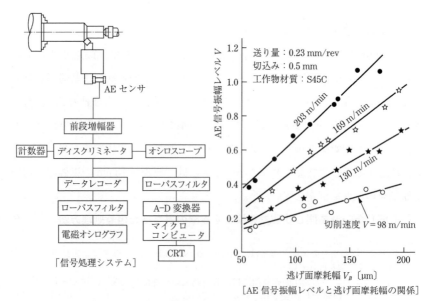

(b) 信号振幅の最大値による判別方法（三輪らによる）[11]

図4.6 AEセンサによる工具損傷のインプロセス検出システム

では，センサの出力信号を処理して必要な情報を入手，すなわちデータ処理に関してはなんらの問題もなく，目的に適した方法を選択して使用できる．しかし，インプロセス計測で得られたデータには多くの場合に外乱信号が含まれているので，それを除去して信頼性のある状態認識をしなければならない．

その結果，同じセンサを用いて同じ状態量を検出する際に，出力信号を異なった方法で処理することがある．そこで，一つの例として，旋削加工における工具損傷を **AE**（Acoustic Emission）信号で検出する場合[†]を**図4.6**(a)および図(b)に示す[5),11)]．すなわち，図中の(a)では，検出されたAE信号に対して「しきい値」を設けて，処理された信号が「しきい値」を超えるか否かで工具損傷を判別している．これに対して，図(b)では，検出されたAE信号の振幅レベルの最大値によって工具損傷を判別している．なお，前者ではハイパスフィルタ，後者ではローパスフィルタによって外乱を除去している．

以下には，まずセンサ・フュージョンについて説明したあとに，現今でも一つの状態量を一つのセンサで検出することが主流であることを考慮して，図4.2に示した個別の測定対象ごとに説明を行っている．

4.1 センサ・フュージョン

計測システムでは，一般的に一つのセンサで一つの状態量を検出するが，センサにとって悪環境である加工空間での使用を考えると，一つのセンサで数多くの情報を得られる方が望ましい．この要望に応えるものが**センサ・フュージョン**（sensor fusion）であり，インプロセス計測の信頼性や耐久性の向上，さらにはセンサの設置位置の自由度の確保などが期待できる[††]．

[†] AE信号とは，材料が変形，または亀裂を発生する際に，内部に蓄えていたひずみエネルギーを弾性波として放出した微細な音．そこで，切削・研削加工の際に加工点で生じる音の変化から加工状態を知る手段であり，パッシブ・ソナーと解釈できる．

[††] 初版およびその改訂版では，多機能複合形センサとセンサ・フュージョンの区別，ならびに用語に混乱があったので，その後の関連技術の進歩も考慮して，ここではセンサ・フュージョンに用語を統一して説明を行っている．また，2000年代以降には，着目すべき学術研究も見当たらないので，関連する説明を割愛している．

136　　　　　　　　　*4. 工作機械と計測システム*

　センサ・フュージョンは，センサ（ハードウェア）と信号処理（ソフトウェア）の組合せによって，図**4.7**に示すように，大きく三つに分けられる。これらのうち，ハードウェア主体のものは，異なる状態量を検出する異なる測定原理のいくつかのセンサをコンパクトに組み合わせて，あたかも一つのセンサとみえるように集積している。したがって，厳密な意味ではセンサ・フュージョンではないが，図**4.8**に一例を示してあるセンサでは，センサ・フュージョンに対応できる二つのセンサの組合せとなっている。すなわち，AEセンサと水晶圧電形荷重検出セルをまとめたもので，前述のように，おのおののセンサが信号処理によっていろいろな状態量を検出できる。したがって，異なる

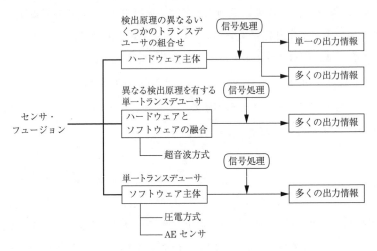

図4.7　代表的な三つのセンサ・フュージョン

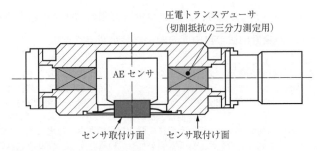

図4.8　AEセンサと圧電トランスデジューサの集積（Kistler社による）

多くの状態量と同時に，ある一つの状態量の測定データを比較して，その確度を検証するのにも使える．さらに，悪環境に対応する防護策を個別にセンサに施さずに，一つにまとめて行える利点がある．

それでは，狭義のセンサ・フュージョンについて少し詳しく説明しよう．まず，**図4.9**は，超音波センサ・フュージョンであり，超音波マイクロメータと超音波接触パターン測定法を一つのセンサに集積している．ここで，図中に示したブラウン管の表示でみると，時間軸を使用，すなわち音波の往復時間を測定して寸法，例えば工作物の直径を，また，電圧軸，すなわち反射波の強さを測定して工具摩耗（接触面積の変化），あるいは接触圧力を測定できる．要するに，異なる測定原理によって異なる状態量を検出するものであり，現時点で強く実用化が望まれている．ちなみに，工作物直径については，Spurと Leonards[28]が，また，逃げ面摩耗については，Itohら[17]がすでに個別に測定している．なお，後者の場合，加工環境下で問題となる工具シャンクの熱膨張による測定精度の低下は生じないという利点がある．

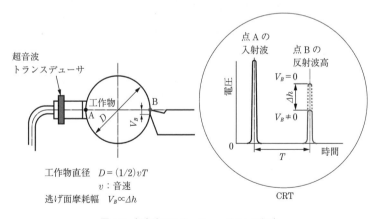

図4.9 超音波センサ・フュージョンの概念

これに対して，実用化が進み，広く使われているのは，同一の測定原理であるものの，信号処理によっていろいろな状態量を検出できる水晶圧電トランスデューサである．水晶圧電トランスデューサでは，**図4.10**に示すような信号

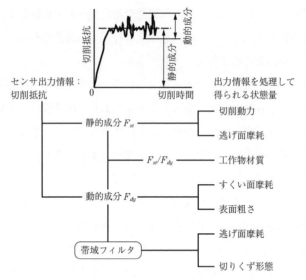

図 4.10 水晶圧電トランスデューサを用いたセンサ・フュージョン

処理によって，切削抵抗の静的成分と動的成分，また，動的成分から工具摩耗や仕上げ面の表面粗さ，さらに静的成分と動的成分の比から工作物材質という状態量を検出できる。なお，図 4.10 は，Langhammer[21]，頼ら[12]，ならびに鄭ら[13]の研究結果を単にまとめたものであり，それぞれの研究結果の妥当性の検証は十分になされていないことに留意すべきである[†]。

同じようなセンサ・フュージョンは，AE センサでも可能であり，例えば**立方晶窒化ほう素**（**cBN**：cubic Boron Nitride）砥石車に内蔵した AE センサの出力からつぎのような情報が得られる[7]。

① 実効値によって，研削抵抗と表面あらさ

[†] 学術研究で先駆性や革新性のある結果が報告されている場合，その正否の評価は難しいことがある。研究の担当者の資質の高さが保証されている以外は，第三者による裏付けの報告がなされて初めて正否を評価できる。Langhammer[21]の場合には，切削抵抗の動的成分で単刃工具のすくい面摩耗がインプロセス計測できると報告していることは，頼ら[12]によって否定されている。その結果，動的成分で表面粗さが測定できることにも疑義が呈されていたが，後述するように，その正しさは約 40 年後に実証されている。

② 特定周波数成分の増加というパワースペクトルの変動から「びびり振動」
③ 振幅が増大することによって，砥石車とドレッサ，または，工作物との接触開始

ところで，これらセンサ・フュージョンでは，検出すべき状態量によるセンサの応答性の違いやデータの処理方法の複雑化という問題のあることに留意すべきである．また，その重要性にもかかわらず，学術研究や実用技術の開発は遅々として進んでいない．なお，付言すれば，つぎのような学術研究もなされている．

① ハードウェア主体：多層コーテッド超硬合金インサートに温度およびすくい面摩耗の検出パターンを薄膜形成[18]すること．また，水晶圧電トランスデューサとAEセンサを併用して得られた出力信号をニューラルネットで処理して，工具摩耗，びびり振動の開始，ならびに切りくずの絡み付きを同定すること[22]．

② ソフトウェア主体：工具シャンクに粘弾性体を介してひずみゲージを貼り付け，工具の逃げ面摩耗，切りくずの絡み付き，びびり振動の発生などを検出すること[10]．

ここで，参考までに，ハードウェア主体の方法ではあるが，**図4.11**には

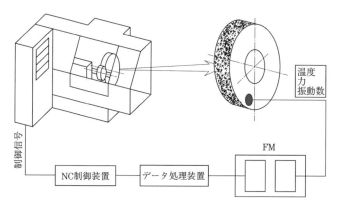

図4.11 研削抵抗，研削温度，ならびに振動検出センサ内蔵の砥石車によるインプロセス計測（Ruckerによる）[24]

2000年代に入ってからの学術研究の例を示しておこう[24]。この研究では，砥石車内に Ni-NiCr からなる熱電対を組み込むとともに，砥石車側面にひずみゲージおよび振動ピックアップを貼り付けて，研削温度，研削抵抗，ならびに振動を検出している。図 4.7 に関わる説明からもわかるように，1990 年代に行われた研究に比べて特段の新しさは認められない。

4.2 工作物の形状，寸法および表面品位

　工作機械の役目は，所要の形状，寸法，ならびに表面品位などを持つ部品を早く，また，安く加工することにある。この役目を効率的に達成しようとすれば，それは必然的に加工中の工作物の状態を測定する方向に向かうことになる。
　ところで，英国，MTIRA の Tipton[30] によれば，工作物の形状および寸法誤差にはランダムなものとシステマティックなものとがあり，これらのうち後者の誤差が計測の対象となる。それらは，① 工具摩耗，② 切削力および工作物の自重による工作機械系（機械-アタッチメント-工具-工作物系）の変形，③ 工作機械系の熱変形，ならびに ④ 機械本体の案内のアライメント誤差によるもので，最後の一つを除けば，これらの誤差の補正・制御は難しい。
　そこで，特に高い加工精度を要求される場合には，**幾何学的適応制御**（**GAC**：Geometric Adaptive Control）を採用することもあるが，インプロセス計測で得られる入力信号の確度が低いと優れた制御回路を装備しても，その性能を十分に発揮できない。なお，案内のアライメント誤差は，あらかじめ補正した NC 情報を与えることで除去が可能である。
　ちなみに，経済性を考えると，GAC によって工具の刃先位置を自動調整するよりも，工作物の寸法を測定後に，一時的に加工を中止して刃先位置をマニュアル（人力）で調整する機上計測の展開形を使うこともある。それには，刃先位置がデジタル表示され，調整の容易な工具が必要であり，例えば Kaiser Tooling 社からは，デジタル精密中ぐり棒も市販されている。
　以上述べたように，工作物の形状，寸法，ならびに表面品位などをインプロ

セスで計測することは重要であるが，実用されている方法は数少ない。実用されているものは，形状・寸法に関しては，多くの場合に機上計測，ビトウィーン・プロセス計測の形であり，しかも摩擦車方式（friction roller method）のように，現在では使われていないものもある。また，表面品位については，表面粗さを初め，残留応力や加工変質層などの物理量を測定することが重要であるが，現時点ではいくつかの例外を除けば，表面粗さのポストプロセス計測が研究され，それらのうちのいくつかが実用されているにすぎない。

4.2.1 工作物の形状および寸法

そこで，まず**図4.12**には形状・寸法のインプロセス計測の全体像をまとめてあり，学術研究は行われているものの，実用に供せる技術の開発は遅々として進んでいないことがわかるであろう[9]。例えば，2000年代後半には，ドイツ，ブレーメン（Bremen）大学で歯車の焼入れ工程のインプロセス計測を行っている。すなわち，窒化中の歯車の面内変形を光ファイバー・アレイ，また，半

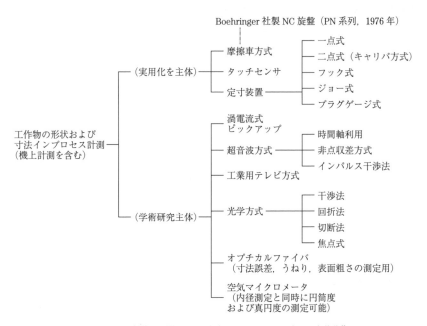

図4.12 工作物の形状および寸法のインプロセス計測の全体像[9]

径方向の変形をレーザスペックルで計測するとともに，油焼入れ中の変形も超音波で計測している。また，半導体圧力センサのダイヤフラムの厚さをウエット・エッチング中に近赤外光の干渉現象を用いてインプロセス計測する技術も開発されている。この方式では，10 μm レベルの厚さを量産加工という環境下で測定できる[3]。

それでは，実用に供されているものにまとを絞って紹介しよう。まず，**図 4.13** には，在来形工作機械の時代に，高精度の旋削仕上げ加工で使われていた「定寸装置」を示してある（測定精度：約 0.5 μm）。その当時，定寸装置は研削加工に使うのが一般的であったが，それを切りくずの絡み付きへの対処策を講じて転用したものである。

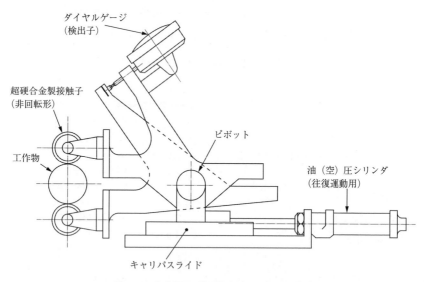

図 4.13 定寸装置の基本構成（Tiptonによる）[30]

旋削用，あるいは研削用を問わず，図 4.13 に示した方式は，一般的に「キャリパ方式」と呼ばれる比較測定法である。すなわち，図の場合には「基準寸法の円筒」を用いて，あらかじめ二つの接触子間の距離を所定の寸法（検出子であるダイヤルゲージの目盛を零）に設定し，工作物を測定した時に得られる設定寸法からの偏差を読んで，工作物寸法を知る方法である。検出子としては，

ダイヤルゲージのほかに,電気マイクロメータや空気マイクロメータなども使われる。なお,一言で定寸装置と呼ばれるが,図 *4.12* に示したように,接触子の形状によっていくつかの展開形がある。

現今では,センサや信号処理技術の高度化によって,比較測定法でなくても高精度の測定が可能となり,Marposs 社の商品展開に見られるように,幅広く使われている。また,外径研削であるならば,工作物と砥石車の位置関係,ならびに砥石形状に配慮して,図 *4.14* に示すように,加工中でも測定子を工作物に接触させるインプロセス計測ができるものも商品化されている。

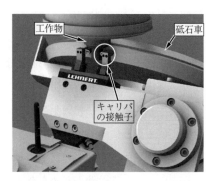

図 *4.14* 工作物寸法のインプロセス計測の例(キャリパ方式,Lehnert 社による,2016 年)

つぎに,機上計測の形態ではあるが,幅広く実用に供されているのは,「タッチプローブと NC 機能を併用」する方式,いわゆるタッチセンサである。図 *4.15* に示すように,発振コイルを作動させた状態で,例えばタッチプローブが工作物に接触すると,機械に閉ループが構成されて誘導電流が流れるので,それを検出コイルで認識して接触信号とする。そして,同時に接触信号に対応する機械の座標軸の NC 制御数値を読み取ることによって,工作物の寸法

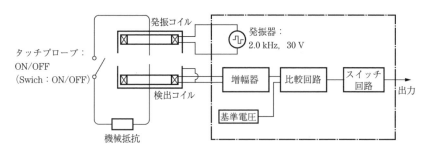

図 *4.15* タッチセンサの原理

を知ることができる。

　この測定原理からわかるように，タッチセンサは「主軸の自動心出し」にも使えるほかに，工具の折損検知と機械の自動停止にも応用できる。例えば，NC情報で設定した切削開始の距離を工具が移動しても接触信号が得られなければ，工具になんらかの異常が生じたと認識できる。

　それでは，ここで工作物の形状および寸法のインプロセス計測の実用化が進まない理由を少し詳しく説明しておこう。その最も大きな理由は，加工中の工作物に生じる熱変形に起因する誤差の予測が困難なためである。しばしば経験されているように，例えば旋削加工で切削油剤を使用しない場合，高い温度のもとでの加工中と冷却後の仕上がり状態では，工作物直径の測定値には少なくとも $10\ \mu m$ オーダの差が認められる。要するに，熱変形がインプロセス計測の能力限界を決定すると同時に，その採用に否定的な見解をもたらしている。

　このことは，研削加工でのみ古くから定寸装置を実用に供していることを考えれば，容易に理解できるであろう。すなわち，研削加工では，加工中に大量の研削液を加工点に供給して発生する熱を速やかに除去するので，上述の熱変形による誤差が問題になることが少ない。

　以上のほかに，さらにつぎのような理由もあげられる。

① 民生品に要求される形状および寸法精度のレベルならば，NC工作機械は100％に近い確度で所要の部品を仕上げられるので，インプロセス計測の必要性がきわめて低い。

② これまでに研究されてきた計測システムの多くは光学方式であり，それらはセンサにとって悪環境である加工空間での信頼性に大きな問題がある。

4.2.2 **工作物の表面粗さ，その他**

　4.2節の冒頭に述べたように，仕上げられた工作物の品質は，表面粗さ，加工変質層，残留応力などを含めて多面的に論じるほうが望ましい。当然のことながら，このような物理量を測定することの重要性は古くから認められていて，図*4.16*に示すような測定方法が研究され，また，技術開発も行われてい

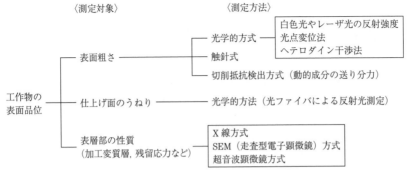

図 4.16 工作物の表面品位に関わる測定対象とそれらの測定方法

る．しかし，いずれもポストプロセス計測であり，インプロセス計測は表面粗さを対象として試みられているにすぎない．例えば，2010年代にドイツ，Ilmenau工科大学でレーザ光の仕上げ面における散乱状態から，仕上げ面粗さと同時に仕上げ寸法を測定する試みも行われている．この研究は，別の光学的な手段で形状・寸法を計る方法と組み合わせてセンサ・フュージョンをねらっているが，インプロセス計測にはいまだに到達していない．

ところで，表面粗さのインプロセス計測では，最近，興味深い研究報告がNTN生産技術研究所の東らによりなされている．そこでは，転がり軸受の転送面の超仕上げを対象に，加工抵抗比（背分力/主分力）と仕上げ面粗さの関係について検討を行い，本書には関連するデータを示していないが，良い相関のあることが報告されている[1]．ここで，加工抵抗は，Kistler社の動力計でインプロセス測定を行い，また，表面粗さは加工を中断して測定していること，超仕上げであるので，加工抵抗は最大でも約 100 N と小さいこと，ならびに主分力に比べると，背分力の測定値にみられる変動は約 10 % と大きいことに注意すべきであろう．

これに関連して思い出すべきは Langhammer の研究であろう．Langhammerは古く1970年代に，切削抵抗の送り分力の動的成分と仕上げ面の粗さには相関があると報告した．しかし，その妥当性の確証が第三者によって提示されなかったこと，また，工具逃げ面摩耗のデータに問題のあることもあって，彼の

説は疑問視されていたが，東らの報告は Langhammer の研究結果の妥当性を証するものと思われる．このように，インプロセス計測の研究成果を実用化するには，第三者による裏付けが必要であることに留意すべきであり，ここで改めて Langhammer のデータを**図4.17**に紹介しておこう（p.138 の脚注参照）．なお，図4.10 中に同時に示してあるように，切削抵抗は「静的成分」と「動的成分」からなっていて，水晶圧電形荷重検出セルの特徴の一つは，動的成分を精度良く測定できることにある．

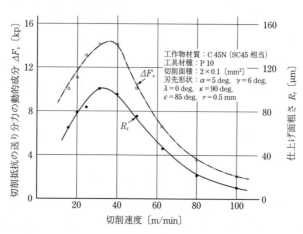

図4.17 旋削における切削抵抗の動的成分と仕上げ面粗さの関係（Langhammer による）[21]

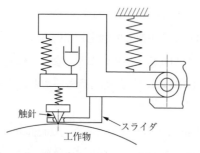

図4.18 研削加工面粗さの触針式インプロセス計測装置（Saljé による）[26]

これに対して，**図4.18**は Braunschweig 工科大学の Saljé 教授が行った学術研究の例であり[26]，研削加工面の粗さを触針式でインプロセス測定する方法である．すなわち，比較的に鈍い触針を工作物の軸方向に走査させ，表面粗さによって触針部のばね−質量系を共振させて，その振動振幅から表面粗さを検出している．

4.3 工作物および切削・研削工具の取付け状態

　一般的に，工作物はアタッチメント，例えばチャック，イケールと馬蹄形クランプ板などを介して機械に取り付けられる。また，工具もアタッチメント，例えば工具ホルダや工具ブラケットを介して主軸や刃物台に取り付けられる。このような工作物や工具の取付け作業は**段取り**と呼ばれ，加工工程のなかでも特に技術者および技能者の長年の経験による知識と勘が重要な役割を果たす作業である。

　特に，工作物の仕上げ精度には使用した工作機械自体の有する加工精度限界とともに段取りの良さが大きな影響を及ぼす。そこで，自動化が極度に進んでいるフレキシブル生産でも，段取り作業，例えばパレットへの工作物の取付け，取外し作業は，多くの場合にシステムへの入出力ステーション（ロード・アンロードエリアとも呼ばれる）で人手によって行われている。わずかに，ロボット形FMC，あるいはその中核となるNC旋盤やTCでロボットによる工作物および工具の自動着脱が広く行われているにすぎない。

　しかも，工作物や工具の取付け状態をインプロセスで認識することは不必要と考えられている。確かに，例えばTCやMCのATCから工具が刃物台，あるいは主軸へ自動装着される機構，ならびに工具管理室における事前調整によって現時点で要求される取付け精度は得られている。すなわち，TCでは，モジュラ構成工具のような工具交換方式，また，MCではテーパ結合や**ホローシャンク**（**HSK**：der HohlSchaftKegel［独］；英文略称 hollow shank）方式を採用して取付け状態の認識を不要としている。

　ところで，工作物や工具の取付け状態とともに留意すべきは，無駄時間を極力減らすために，工作物や工具を加工位置まで早送りで移動させなければならないことである。それには，工作物への工具の接近状態をインプロセスで認識する必要があり，これは段取り作業のインプロセス認識の一部とみなすほうがよいであろう。

さて，**図4.19**は，そのような工作物・工具取付け状態のインプロセス計測の全体像を示している。この図から一目でわかるように，また，すでに説明したような理由から，ほかの状態量に比べるとインプロセス計測の研究や実用に供されている技術は少ない。そのようななかで，フールセーフ，すなわち「念を入れた安全確保」の観点から広く実用に供されているのは，ポジティブストップである。

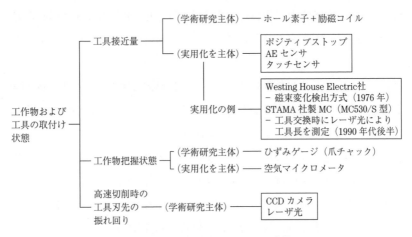

図4.19 工作物および工具の取付け状態

これは，加工空間内に参照ピンを設けて，それに工具を突き当てることによって工具の損折を確認する方法である。簡便でコストのかからない方法であるので，チャック内に「突き当て駒」を設けて，工作物の把握長さを一定とするような用途にも用いられている。**図4.20**は，突き当て駒を空気マイクロメータに置き換えて，工作物とノズル間の隙間を計って工作物の把握状態を確認する方法であり，簡単ではあるが，一つのインプロセス計測システムである。また，タッチセンサおよびその展開

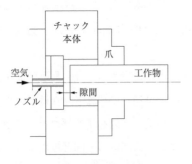

図4.20 簡単な工作物把握状態の計測システム

形で工具の取付け状態を確認する方法も市販されている。

これに対して，興味ある学術研究，すなわち爪チャックの工作物把握状態を詳細に認識する試みが行われている。これについては，すでに図4.5にドイツで行われた例を示してあるが，それに10年以上も先行して行われた興味ある研究がある。**図4.21**は，その研究で提示された**把握力多角形**なる概念である。これは，工作物把握時に爪に生じるひずみを検出し，一つの爪のひずみを基準として**ひずみ比**という無次元表示を行って，まず各

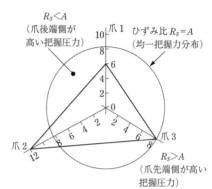

図4.21 三つ爪チャックの工作物把握状態のインプロセス計測（把握力三角形による評価）（門脇による）[6]

爪による把握力の違いを可視化するものである。ついで，均等な把握面圧力の基準円を描き，対象とする爪のひずみ比が円の内，あるいは外にあるかによって「一つの爪の先当たりか，後当たりか」を表現できる。

ところで，1990年代になって高速切削が大きな話題となるに従って，これまでは問題視していなかった回転中の工具の実質直径を測定する必要が生じてきた。例えば，金型加工で多用される二枚刃エンドミルでは，二枚の刃の間にわずかな非対称性や不釣り合いがあり，これが高速回転時に「刃先の振れ回り」となって顕在化してくる。

そこで，ドイツ，ハンブルグ大学とRöders社は，CCDカメラやレーザ光線を用いて，回転中の切削工具の実質直径を測定して，それに従ってNC情報を補正している[23]。**図4.22**は，そのような測定結果の一例であり，40 000 rev/minともなると，約20 μmの直径差が生じる。なお，実験ではレーザ光線をタッチセンサのように使用して，主軸の移動距離のNC情報から工具直径を算出している。

注意すべきは，このような遠心力によって生じるエンドミルの振れ回りは，

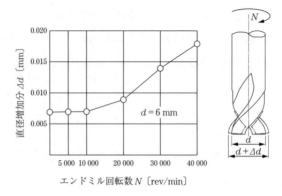

図 4.22 高速回転時における2枚刃エンドミルの実質刃先直径（Rall らによる）[23]

アルミニウム合金製航空機部品の高速切削が普遍化するとともに，「自励びびり振動」の面でも大きな問題となっていることである。例えば，Insperger ら[16]は，二枚刃エンドミルでアルミニウム合金を下向き削りした際に，振れ回りの有無は絶対安定限界に明白な違いをもたらさないが，主軸回転数と密接に関係する周期的な振動の近傍では不安定な状況が増幅されているようにみえると報告している。要するに，振れ回りという強制変位因子が「自励びびり振動」へなんらかの影響を及ぼしているのは確かである。

このように，最近では加工精度や加工能率の向上への要求が高まり，加工空間というトータルな視点から工作物や工具の取付け状態を論じる機運が高まっている。このような視点は，「びびり振動」および「熱変形」を論じるときには常識であるが，例えばコレットチャックの機能・性能が加工精度を支配するので，その選定に十分な配慮が必要とする考えは希薄であった。したがって，工作物や工具の取付け状態のインプロセス計測は，今後ますます重要となるであろう。

4.4 切削・研削抵抗，工具損耗，ならびに切りくず形態

加工とは，「ある相対速度のもとで工作物と工具が形状創成運動を行うこと」

であり，両者の接点である加工点では加工力が作用すると同時に熱が発生する。その結果，加工空間を構成する要素が前者によって弾性変形，後者によって熱変形を生じる。また，大きな加工力と高い加工熱のもとで形状創成運動を行えば，使っている工具に損耗が生じる。

　一般的には同一の工作物をまとめて，いわゆるロット生産（バッチ生産）を行うので，数多くの工作物を加工していると徐々に使用している切削工具や研削工具が摩耗して，工作物を所期の形状，寸法，ならびに表面品位で仕上げられなくなる。もちろん，工具が欠けたり，圧壊したりすれば，加工は継続できないが，ある値以上に工具が摩耗すると「びびり振動」や大きな加工音の発生など工作機械の稼働状態にも悪影響を及ぼす。そこで，工具摩耗の有無にかかわらず，一定時間ごとに工具の交換，また，砥石車であればドレッシングを行って切れ刃を整えるが，でき得ればインプロセス計測で刃先の状態を認識できることが望ましい。すなわち，切削工具では，工具摩耗や工具損傷，また，研削工具では砥粒摩耗や目づまりなどを常時監視し，正確に把握して，工具交換時間の適正化を図る必要がある。

　さらに，切削加工においては，切りくずの絡み付きによる工具や工作物の損傷，工作物への切りくずの付着，ドリル加工された穴やタップ穴などに切りくずが残留することなどが大きな問題となる。また，加工空間に飛散した切りくずが工作機械のスプラッシュカバーの案内溝に入り込み，カバーの開閉不良，さらに，トータル・エンクロージャの隅に堆積して工場床への切削油剤の漏れを生じさせる。そこで，1990年代初め頃から工具損耗と同時に，切りくず形態の認識がインプロセス計測の対象になっている。なお，切りくず処理は，その再生利用や環境問題と関連して重要性が増大しつつある（6章参照）。

　要するに，工具の損耗や切りくず処理に伴うトラブルは，古くから知られているように，工作機械の稼働効率に大きく影響するので，それらのインプロセス計測は非常に重要である。そして，後述するように，これらは加工力を検出して間接的に認識することが多いので，ここでは切削および研削抵抗で代表される加工力の測定も同時に説明したい。

4.4.1 工具損耗

所期の加工精度および加工能率をつねに達成するには，工具の刃先の摩耗状態を認識すること，別の表現をすれば「工具寿命」の判定は重要な意味を持っている。**図4.23**には，代表的な加工方法である旋削で用いられる代表的な工具，すなわちバイト（単刃工具；single-point cutting tool）にみられる，一般的な損傷形態を示している。加工が問題なく行われていれば，図に示した逃げ面摩耗（フランク摩耗；flank wear）およびすくい面摩耗（クレータ摩耗；crater wear）が生じるのみであるので，逃げ面摩耗幅，あるいはすくい面深さで工具寿命を規定できる。

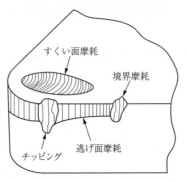

注：ほかに「断続切削時にすくい面摩耗内に熱亀裂」や「切刃の欠け」を生じることあり

図4.23 超硬合金製インサートにみる代表的な工具摩耗－逃げ面摩耗とすくい面摩耗

しかし，それらの値をいくつに設定して工具摩耗と判定するかは，工作物材質，工具材種，切削条件などで変わってくるが，工具交換時間の適正化は，特に高い加工能率の実現を目指す**最適化適応制御**（**ACO**：Adaptive Control Optimization）では必要不可欠ある。すなわち，ACOでは加工コストを評価関数として加工条件を変更する制御様式にすることが多く，工具交換時間の適正化が鍵となる。

そこで，膨大な数の研究や技術開発が世界各国で行われてきたが，いまだに満足な実用に供せる工具損耗のインプロセス計測は少なく，現今でもいろいろな挑戦が行われている。そこで，まず**図4.24**には，それらを ① 直接的に検出する方法と ② 間接的に検出する方法に分けた上で全体像を示してある。ここで，直接的な方法は工具損耗を詳しく観察するのには適しているが，光学的な方法が切削・研削油剤の使われる加工環境には適さないように，インプロセス計測に用いるには難のあることが多い。

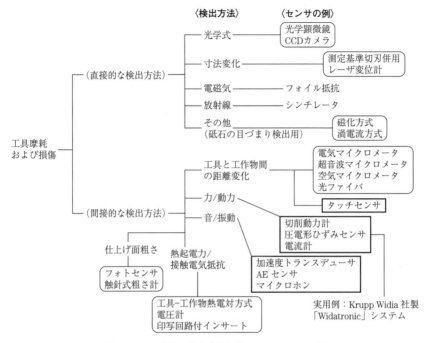

図4.24 工具損耗の検出方法と使用されるセンサの例

　これに対して，間接的な検出方法は工具損耗を詳しくは認識できないが，インプロセス計測に使いやすい側面を有している．周知のように，間接的な検出方法では，工具損耗に密接に関連する状態量，例えば切削抵抗や切削温度を測定して工具損耗を認識する．そこで，**図4.25**には，使用頻度の高い切削・研削抵抗の測定方法についてまとめてあり，さらに図4.24および図4.25のなかで実用に供されているインプロセス計測方法を太線の四角枠で囲ってある．なお，切削・研削抵抗の測定では，八角形リングとひずみゲージの組合せに代表されるように，弾性体素子と変位検出素子の組合せが長く使われ，数多くの研究や技術開発が行われてきた．しかし，冒頭の「センサに要求される基本的な特性」のところでも述べたように，このような切削・研削抵抗の測定方法は現今では使われなくなっている．

　それでは，以下には実用に供されている工具損耗のインプロセス計測のいく

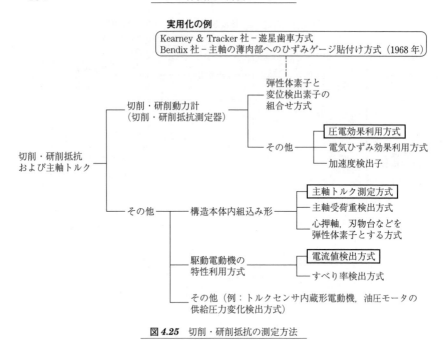

図 4.25 切削・研削抵抗の測定方法

つかを紹介しよう。

① **水晶圧電形荷重検出セル**　すでに説明をしたように，現今では水晶圧電形荷重検出セルが加工抵抗を測定する際に広く使われている。工具が摩耗すると，一般的に加工抵抗は増加し，ある時点で急増するので，この現象を検出すれば工具寿命を規定できる。しかし，図 4.10 に示したように，逃げ面摩耗は静的成分で検出できるとする報告がある一方，動的成分で検出できるとする報告もあり，いまだに定かでないところもある。

そのような問題があることは別にして，ここでは，学術研究用と実用に供されるものの違いを説明しよう。まず，**図 4.26** に，水晶圧電形の弱点であった温度変化によるドリフト，ならびに油密と水密の不十分さを改良して学術研究に広く用いられている動力計を示す。そこでは，荷重検出セルを垂直に配置して，動力計本体との接触面積を小さくすることにより，テーブルの熱変形によって生じる「そり」の影響を除去して，ドリフトの問題を解決している。

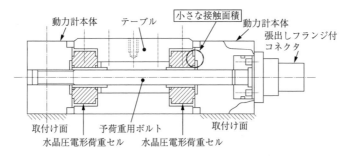

図 4.26 荷重セル垂直設置方式切削動力計（MiniDyn 9256A1型，1995年頃，日本 Kistler の厚意による）

もちろん，工作機械のテーブル上に積載してインプロセス計測にも用いられるが，張出しフランジ付コネクタの信頼性は十分とはいえない．そこで，検出できる状態量は切削抵抗の軸方向分力と制限があるものの，**図 4.27** に示すような，MC の主軸内に組み込める信頼性の高い動力計が実用に供されている．この場合には，せん断力感知用圧電トランスデューサが使われている．以前に

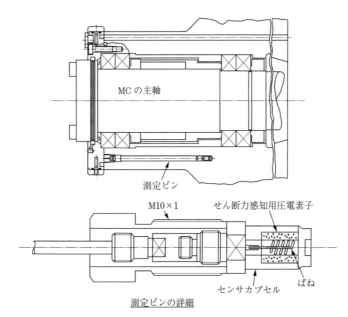

図 4.27 MC の主軸に組み込まれた切削抵抗の軸方向分力の測定ピン（1994年10月 IMS Meeting における Dr. Kirchheim, Kistler 社の報告による）

は，図 **4.28** に示すように，荷重検出セルをタレット刃物台のベース部に組込んでインプロセスセンサとしたこともあったが，その後広く使われるようになったとの報告はみあたらない[20]。

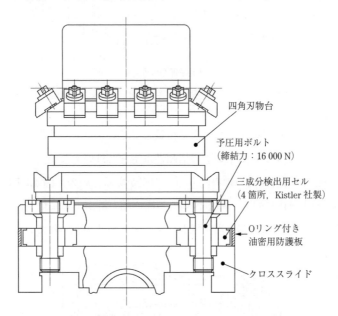

図 **4.28**　油密を施して四角刃物台に組み込んだ水晶圧電荷重検出セル
　　　　　（König と Kluft による[20]，1982 年）

② **AE センサ**　すでに，図 4.6 に工具摩耗の検出例を示してあるように，チタン酸バリウムのような圧電材料で作られた AE センサは古くから使われている。特に，加工空間に存在する外乱の影響が小さい超音波領域（数百 kHz オーダ）で工具損耗により発生する信号を検知すれば良好な結果が得られる。ただし，信号の検出位置と検出した信号の処理技術によって，その有効性が支配されることが多い。

ところで，これまでの実験的な事実や経験によれば，例えばバイトに損耗が発生すると，AE 信号はつぎのような変化を示す。

　① 欠損や亀裂などが生じると，高いレベルの突発的な AE 信号が検出される。
　② しきい値を設けて AE 信号を計数すると，初期摩耗領域では摩耗幅ととも

に計数値は増加する。

③ 全波整流後にローパスフィルタ（1～2 Hz）を通したAE信号の振幅レベルは，逃げ面摩耗幅と正比例関係にある。また，AE信号は，切削速度にのみ依存し，切込み，送り，工作物材質には影響されない。

ここで，参考までに，大阪機工の長年にわたる実作業での使用経験からAEセンサの問題点をまとめてみると，つぎのようになる。なお，AEセンサは，MCの後部主軸受ハウジングに取り付けられ，流体伝搬による信号の検出方式となっている†。

① 検出限界は，主軸回転数 6 000 rev/min で直径 2 mm のドリルおよびタップの折損。

② 潤滑油膜を介しての信号伝達であるので，つぎのような場合に外乱信号が大きくなる。

　(a) 油膜保持部品に「だれ」や「ばり」が存在。

　(b) 潤滑油の主軸頭側壁への衝突。

　(c) 高速運転による軸受部の発熱や潤滑油への気泡の混在。

③ しきい値の調整は，機械ごとの個体差を考慮して行う必要がある。

このように，AEセンサを実際の加工環境下で効果的に使用するにはノウハウが必要である。その一方，電動機の出力測定とならんで非常に簡便な方法であるので，工具損耗のインプロセス計測として大きな比重を占めていて，バイト，ドリル，ならびに砥石車を対象に技術の成熟化が進んでいる。

要するに，工具損耗の計測システムについては，その重要性を反映して，使用可能と考えられるものはすべて検討されているといっても過言ではない。その一方，加工環境下での信頼性，検出精度，あるいは信号処理の容易さなどの種々の理由で，実用に耐えられるインプロセス計測システムは少ない。しかも，工作機械技術の先進国，あるいは後進国を問わず，つぎのようにいろいろな研究が現今でもなされているものの，それらは相変わらず従来からの研究を

---

† 日本工作機械工業会の第10回産官学技術問題懇話会（1994年9月5日）における大阪機工，幸田盛堂氏提示の資料による。

踏襲しているにすぎないと評せるであろう。

① ドイツ，アーヘンの Fraunhofer IPT は，旋削および研削を対象として，音響センサを用いて加工空間の監視を行っている[14]。例えば，センサをバイトの工具シャンクに取り付けて，熱処理されたクロム鋼（HRC 62）を cBN 工具で加工（送り量 140 μm/rev）して，加工の進行に伴う振動数領域の異なる振動振幅の増大を観察している。

② チェコでは，Sadilek ら[25]が，セラミックス・インサートに電気抵抗回路をプリントして，接触電気抵抗の変化から逃げ面摩耗を検出する研究を行っている。

③ 赤外線輻射温度計は非接触で回転体の温度を測定できるので，エンドミルの逃げ面の温度測定に用いられている。例えば，岡田らは，分光感度波長域が異なる光起電力型素子，すなわち InAs 素子と InSb 素子を用いて，測定感度が測定対象物の輻射率に依存しない環境を具現化した上で，両素子の出力比から温度を求めている[4]。

ここで，工具損傷に関わる当面の研究および技術開発課題を指摘しておこう。

① これまでに研究や技術開発されてきたものは，検出の比較的容易な粗加工状態，例えば大きな切削抵抗の状態を対象としているが，加工技術の高度化とともに，検出すべき信号と外乱信号が同じレベルになりやすい「仕上げ加工における工具損耗の検出」。

② 工具損耗のインプロセス計測は，学術研究および実用技術の開発の両側面で切削工具がおもな対象であるが，GC の普遍化とともに，砥石切れ刃のインプロセス計測。

ここで，砥石の切れ刃がつぎのように複雑であり，定量的な測定が難しいために，砥石の損耗に対するインプロセス技術の開発は立ち後れている。

(a) **図 4.29** に示すように，砥石は，砥粒，結合剤，ならびに気孔の三要素からなっていて，切れ刃に相当する砥粒は，三次元分布している。また，場合によっては，研削能力を高めるために，気孔にフィラーと呼ばれる添加剤を含ませることもある。

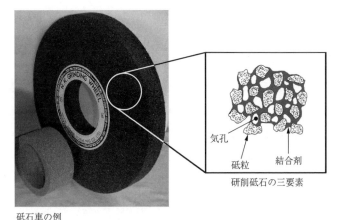

砥石車の例
(日本金剛砥石製作所の厚意による,2016年)

図4.29 砥石車の特徴的な様相——研削砥石の三要素

(b) 砥粒は,負のすくい角を持つ微細な切れ刃である。

(c) 加工中に砥粒は,研削抵抗によって破砕,また,摩滅すると脱落,すなわち「砥粒の自生作用」を行い,その三次元分布は時々刻々変化する。

これに対して,例えば研削液の動圧変化を検出して砥石摩耗を認識する研究も豊田工業大学で行われている。

最後に,最近の新しい動向に触れておこう。それは,加工環境がセンサにとって好ましくないのであれば,センサを使うことなく図4.2に示したいろいろな状態量を検出すればよいという発想を積極的に進める方向である。このような発想は,切削抵抗を駆動電動機の特性を利用して測定する方法としてすでに実用化されている。すなわち,切削工具に摩耗や損傷が生じると,一般的に切削抵抗が急増して,その結果,電動機の界磁コイル電流が増加する現象を利用する方法である。しかし,検出精度や感度に難があるので,それらを改善するものとして,具体的にはテーブルの位置制御装置に設けられた「外乱オブザーバ」の出力信号を利用する方法も提案されている[27]。

4.4.2 切りくず形態

人間が加工動作を行うことを前提とする在来形工作機械では,加工時に生成

される切りくずの形態は,運転要員の安全確保および人手による処理の容易さの面で問題になる程度である。しかし,無人運転を前提とした場合には,在来形では運転要員が対処していた切りくずの工作物や工具などへの絡み付き防止,切りくずの排出不良による工具折損の防止,機械本体の熱変形防止のために加工空間からのすみやかな切りくず排出などが大きな問題となる。したがって,NC工作機械では,少なくとも処理しやすい切りくず生成過程のインプロセス計測システムを装備することが望ましい。

ところが,一般的には切りくず処理が難しい「連続(流れ)形切りくず」が生成される切削条件のときに仕上げ面品位は向上し,逆に処理の容易な「破断形切りくず」が生成されるときには,良好な仕上げ面は得にくい。すなわち,切りくず形態への要望は,加工空間で重要視する対象によって相反する点に留意しておく必要がある。

さて,切りくず形態のインプロセス計測であるが,一時期には切りくず形態の分類と同時に研究も行なわれたが,現今に至るも実用に耐える方法は提示されていないといえるであろう。そこで,今後の参考までに,これまで行われた学術研究の概況を図 4.30 に,また,切削抵抗の動的成分で切りくず形態を認識した例を図 4.31 に示す。

ここで,図 4.31(a) には,動力計の出力信号をバンドパスフィルタによって

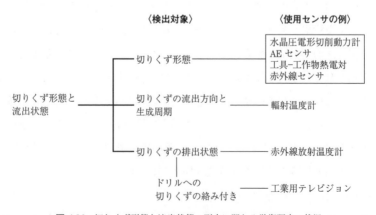

図 4.30　切りくず形態と流出状態の測定に関わる学術研究の状況

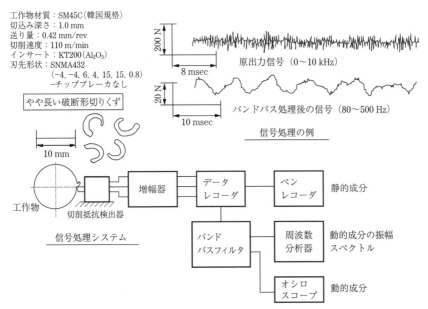

(a) 動的成分で切りくず形態を判別する際の信号処理

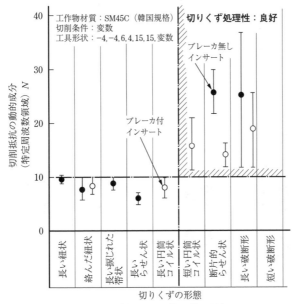

(b) 切りくず処理性の判定

図 4.31 切りくず形態と切削抵抗の動的成分の関連（鄭らによる）[13]

処理して 80～500 Hz の周波数領域の動的成分を抽出すると，切りくず形態に関わる明確な情報が得られることを示してある．また，同図(b)から，チップブレーカの有無にかかわらず，切削条件によっていろいろと変わる切りくず形態のうち，処理性の良いものを特定の動的成分で認識できることがわかる[13]．

しかし，現時点ではインプロセス計測の実用技術を開発するよりも，仕上げ面の品位を確保しながら処理しやすい切りくずを生成できる技術の開発に注力されている．例えば，アーヘン工科大学では，高圧冷却油剤の噴射による切りくずの破断について研究を行っていて，図 4.32 には CrNi 鋼を旋削（溝入れ加工）した際の効果が示されている．注目すべきは，通常の冷却油剤の供給では「長い円筒コイル状」となる，処理し難い切りくずが処理しやすい「短い円筒コイル状」となっているほかに，逃げ面摩耗も大幅に減少していることである．似たような効果は，インコネル 718 を cBN 工具で溝入れ加工をした場合にもみられ，圧力 80 bar では「断片的らせん状」の切りくずであるのに対して，圧力 300 bar では「らせん糸くず状」となる[19]．

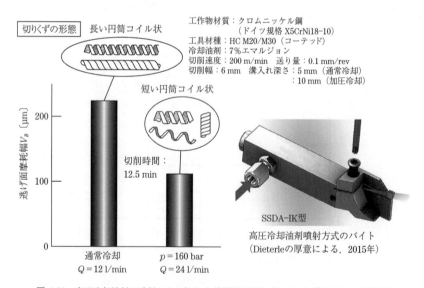

図 4.32　高圧冷却油剤の噴射による切りくず形態の制御（Klocke ら[19]による，2010 年）

なお，図4.31および図4.32では，旧西ドイツのINFOSが定めた切りくず形態の分類体系に準拠してデータを処理しており，これからも切りくずに関わる技術の後進性がわかるであろう．

4.5 機械の稼働状態

工作機械の稼働状態は，作業設計および工程設計を含む生産管理の面のほかに，工作機械の評価（5章参照）や保全（6章参照）とも密接な関係にある．しかし，稼働状態の計測システムとして要求される性能には加工作業と生産管理の面ではつぎのように大きな違いがある．

前者では，加工空間における加工が正常な状態で行われるように，加工空間の構成に密接に関わる機械本体部分，例えばタレット刃物台，主軸端，ならびに心押軸の状態が計測対象となり，当然のことながらインプロセス計測機能が必要である．したがって，4.2～4.4節で説明したインプロセスセンサを適宜グループ化して用いること，すなわち「ボトムアップ」的手法でも対応できる．例えば，図4.24に示した間接的な検出方法の多くは工作機械の異常な稼働状態，例えば過度の温度上昇や振動状態を検出できるので，工作機械の稼働状態の認識にも使用されることがある．

これに対して，後者では工作機械の設備状況，例えば稼働中，遊休中，修理中など，また，許容最大加工能力や可能加工精度が検出対象となり，これらは必ずしもインプロセス測定を必要としない．その一方，加工要求の高度化とともに，機械全体の状態を「トップダウン」的にインプロセスで認識したうえで，さらに積極的にNC装置と連動して機械を所期の状態に維持することも強く要求されるようになっている．

その一つの典型例は，オークマの製品に広く搭載されている「サーモフレンドリ」の概念であろう．この概念では，主軸，テーブルなど数か所の温度を計測して機械本体の熱変形を推定して，それに基づいて数値制御情報を補正して加工精度を向上させる．もちろん，構造本体にも適切な熱変形低減対策が施さ

れている。

　このオークマと類似の構想による熱変形補償システムは，三菱重工業によって五面加工機を対象として2012年に商品化されている[8]。この場合には，対象が大形工作機械であることを考慮して，温度センサの出力のほかに，**図4.33**に示すように，門形コラムの変形および「そり」の情報も同時に用いてNC情報を補正している。

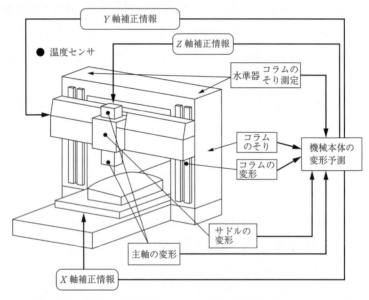

図4.33　大形工作機械の熱変形補正システム（三菱工作機械の厚意による，2017年）

　また，構造設計の面ではつぎのようにいくつかの抑制策を用いて，それらのシナジー効果を活用している。

① 温度上昇を低減するために，主軸受の座および軸受ハウジングの外周に冷却油を循環させるとともに，発熱に応じて冷却された潤滑油で主軸受をジェット潤滑。これにより，主軸の伸びを±15 μmから±5 μm以内に低減している。

② 企業秘密のために詳細は不明であるが，本体構造の最適シミュレーションを行い，熱平衡板のような要素を配置してクロスレールやコラムなど

を環境温度の変化に対して不感構造としている。

その結果，室温変化が 8.4 ℃ の下で 40 時間運転した際に主軸の伸びが 45 μm から 16 μm に減少したと報告されている。

演 習 問 題

〔**1**〕インプロセスセンサとして基本的に重要な性能項目を列挙し，それぞれを簡単に説明せよ。

〔**2**〕切削抵抗の測定を例にして，〔**1**〕における各項目について数値を挙げて具体的に論ぜよ。

〔**3**〕工具摩耗のインプロセスセンサに関しては，長年多くの研究・開発が行われてきているが，実用になったものは少ない。なぜ実用的なインプロセス工具摩耗センサの実現が困難であるか考察せよ。

〔**4**〕主軸系の振動状態を加速度センサを用いて認識する場合について，どのようなデータ処理の方法があるか列挙し，それらによって得られる情報はどのようなものか論ぜよ。

〔**5**〕加工状態の認識では切りくず形態用センサの技術が最も遅れているとされているが，これに対して有効と考えられるセンサを一つ提案せよ。

5

工作機械の特性解析および試験・検査

　工作機械は基本的に高速，高精度でしかも高能率（高金属除去率）で加工することが求められる。ここで工作機械を設計するにあたって，想定される負荷のもとで所期の速度，精度で駆動するように設計しても，実際に所期の加工結果を得ることは難しい。なぜなら，実際に工作機械が稼働する条件下ではさまざまの外乱が作用し，さらに加工プロセスが介在するため，こうした現象に対する十分な理解がなければ優れた工作機械を設計したり，また正しく運転することができないからである。一般に，高精度と高能率はたがいに相反する要求であることが多く，例えば高能率を実現するために，高速，高送り，高切込みで加工すれば，結果として慣性力，加工力，加工に伴う発熱量が大きくなり，加工精度は劣化する。逆に高精度を志向して切込みや送りを小さくすれば，当然ながら加工能率は低下する。

　機械加工の精度が基本的に工作機械の母性原則に支配されるという立場からすれば，加工精度に影響をおよぼす要因と加工精度決定のプロセスは**図5.1**のようにまとめられる。すなわち工作機械の精度は，第一に構成要素，部品の幾何学的精度と組み立て精度で決まり，つぎに主軸やテーブルなどの機械要素の運動精度によって影響を受ける。特に，テーブルや主軸頭など工具・工作物間の相対的な運動を決定する機械要素がどれだけ忠実にプログラムどおりに動くかが加工精度に大きく影響する。また，実際の加工では，加工に伴う加工力，

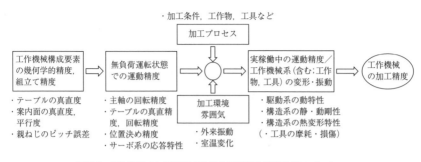

図5.1 工作機械の加工精度を決定する要因と精度決定のプロセス

加工熱，さらには機械の内外から伝わる振動や熱など種々の外乱が加わって加工精度を低下させる。仕上げ加工のように高精度を志向する加工では，切込みや送りなどは比較的緩やかに設定されることが多いため，稼働中の工作機械の運動精度が加工精度を決定するうえで重要となる。

他方，加工能率を上げるために切削速度や切込み，送りを過大に設定すると，加工に伴って発生する静的・動的加工力や加工熱が，工作機械の運動や，工作物，工具を含む工作機械系の変形や振動に大きく影響を及ぼし，その結果がさらに加工プロセスにフィードバックされる結果となる。すなわち加工プロセスと工作機械の運動，工作物や工具を含む構造系の変形・振動がたがいに影響を及ぼしあいながら加工が進行することになる。その結果，加工系が不安定となって振幅の大きな振動が発生し，加工を継続することが危険となる場合がある。加工中に発生するこのような振動は**びびり振動**と呼ばれ，加工能率の向上を妨げる最大の原因の一つとなっている。また過大な切削条件を設定すると，原動機の馬力不足で加工不能に陥ったり，工具が急速に摩耗したり，損傷することもある。以上，工作機械の加工限界・加工能率に影響を及ぼす要因をまとめると**図5.2**のようになる。

工作機械の性能を評価する方法は以下の二つに大別される。

第一の方法は，実際に加工を行って評価する直接的方法である。具体的には，安定して加工を行うことができる限界の切込みや切削速度を求めたり，加工された工作物の真円度，真直度，形状誤差などを計測して評価を行う。この

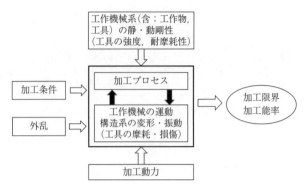

図 5.2 工作機械の加工限界・加工能率に影響を及ぼす要因

方法は直接的で明快であるが，特定の工作物と工具，加工条件の組合せに対してのみ有効であり，汎用性に欠けるきらいがある。

第二の方法は，加工性能に関係が深い工作機械の各種特性を解析・測定し，性能評価を行おうとする間接的方法である。具体的には，工作機械の幾何学的精度，運動精度，動的応答性，機械の稼働に伴う発熱量と熱変形量などを測定したり，静的・動的な力あるいは環境の温度変化などの外乱に対する変形，すなわち静的・動的剛性，熱変形特性を解析・測定することにより評価を行う。この方法は，工作機械の特性を直接評価するという点で優れているが，測定法や解析法が研究中のものもあり，完全に確立されていない面もある。また上述したように，最終的な加工性能は工作機械の特性と加工プロセスの相互作用によって決まることから，加工プロセスに対する十分な科学的理解も必要となる。

5.1 工作機械に要求される性能と評価項目

〔1〕**幾何学的精度と基本となる運動精度**　上述したように，工作機械においては先ず構成要素，部品の幾何学的精度と組立て精度が重要であることは論を待たない。部品の段階で十分な精度を有していても，それらを組み立てて運動させると必ずしも完全な運動を実現するとは限らない。例えばX軸に平行な直線経路に沿って直進運動を行うように指令した直動部品の運動誤差として

は，図 5.3 に示すように，X 方向の位置決め誤差，Y 軸方向の真直度誤差および Z 軸方向の真直度誤差があり，さらに X 軸，Y 軸および Z 軸周りの回転誤差がある。回転誤差はそれぞれ図に示すように，ローリング，ヨーイング，ピッチングと呼ばれている。

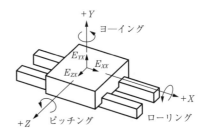

図 5.3　直進する直動部の運動誤差

回転軸についてみれば，図 5.4 に示すように，理想的な回転運動に対して，半径方向，軸方向および傾きの誤差運動が生じ，それらの誤差はそれぞれ，半径方向誤差，軸方向誤差および傾き誤差と呼ばれている。

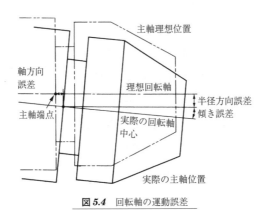

図 5.4　回転軸の運動誤差

〔2〕**動的応答性**　機械要素は完全な剛体ではないことから，実際の運動においてはさまざまな誤差運動が発生する。例えば，図 5.5(a) に示すテーブル送

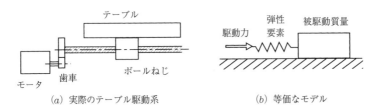

図 5.5　テーブル送り駆動系とそのモデル

り駆動系の直線運動についてみれば，減速歯車，ボールねじ，ボールねじを固定するブラケットなどは弾性体であることから，この場合のテーブル駆動系は図(b)に示すようにモデル化され，1軸のテーブルを駆動した場合の理想的な運動軌跡に対して，実際には図5.6に示すようなオーバシュートが発生したり，場合によってはアンダシュートが発生する可能性がある。

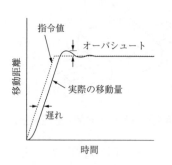

図5.6 テーブル送り駆動系の指令値と実際の運動軌跡

また，減速歯車やボールねじには機械的な遊び（バックラッシ）が存在することから，運動方向を切り替えた場合にいわゆるロストモーションが発生する。X，Y方向の二つの直線軸について，同時2軸制御機能を用いてテーブルに円軌跡を描かせた場合，実際には完全な円運動を実現することは困難で，特に運動方向が反転するX軸，Y軸に近い部分で，図5.7に示すようないわゆる象限突起が発生する。CNC制御ではこれらの影響をできるだけ少なくするために，制御系の特性を改良したり，チューニングを行ったりしている。

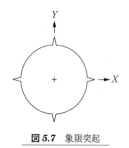

図5.7 象限突起

〔3〕**変形と振動**　工作機械の静的・動的な力に対する変形のし難さは，剛性で表されることはすでに2.1節で述べた。すなわち

$$剛性 [\mathrm{kN/\mu m}] = \frac{加えた力 [\mathrm{kN}]}{生じた変形量 [\mathrm{\mu m}]}$$

ここで静的な力（時間とともにその大きさや方向が変化しない力）に対して機械構造の変形が小さいためには，静剛性ができるだけ高いことが求められる。他方，動的な力が作用する場合の動剛性は，式(2.4)に示されるように，加えられる力の周波数の関数として与えられる。ここで最も単純化したモデルとして図2.11に示すような1自由度の振動系で構造の振動特性が表されるものとし

て，その周波数応答を求めると**図 5.8** のようになる。ただし，ここでは縦軸は剛性の逆数であるコンプライアンス（μm/kN）で表示している。すなわち

$$\Phi(\omega) = \frac{x(\omega)}{f(\omega)} \tag{5.1}$$

である。

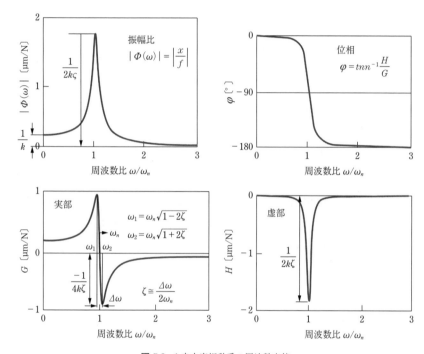

図 5.8 1 自由度振動系の周波数応答

図から明らかなようにコンプライアンス $\Phi(\omega)$ の値は周波数（角振動数 ω）とともに変化し，共振周波数（角振動数 ω_n）付近において最大となる。また加えられた力 f と変位 x の間には位相のずれが生じ，共振周波数 ω_n において位相 φ は 90° となる。ここで，コンプライアンス $\Phi(\omega)$ の絶対値をベクトルの大きさ，位相を基準軸からのベクトルの向き（角度）として複素表示し，その実部と虚部の周波数応答を描くと図 5.8 の下半分のようになる。ここで周波数がゼロ，すなわち静的なコンプライアンスは $1/k$ で与えられる。また，共振周波数

におけるコンプライアンスの大きさを示す指標となる．

$$\zeta = \frac{c}{\sqrt{2km}} \tag{5.2}$$

は**減衰比**と呼ばれ，図から明らかなように減衰比が小さいほど共振周波数におけるコンプライアンスが大きい，すなわち動剛性が低いことになる．

　工作機械において発生するびびり振動は大別して①工作機械内部で発生する振動や外部から伝わってくる振動が原因となって発生する強制振動と，②振動源がなくても加工プロセスと工作機械の動特性との相互作用で発生する自励振動がある．このうち特に自励振動は，切込みや送りを大きくして高能率で加工しようとする場合に発生するため問題となることが多い．工作機械の自励振動が発生する原理は1960年代に，S. A. Tobias や J. Tlusty らによって明らかにされており，以下簡単にその内容を紹介する．

　いま，図 **5.9** に示すように最も単純な切削の例として，旋盤による突切り加工を考える．工作物1回転当りの送り量を u_0 とすると，見かけ上の切り込み u_0 に対して時間 t における真の切り込み $u(t)$ は工具・工作物間の相対変位 $x(t)$ だけ少なく，また工作物1回転前の相対変位 $x(t-T)$ だけ大きい．すなわち

$$u(t) = u_0 - x(t) + x(t-T) \tag{5.3}$$

ここで，T は工作物1回転に要する時間である．図(b)に示すように，時間 t における工具の切り込み量は $x(t-T)$（アウターモジュレーション）と $x(t)$（イン

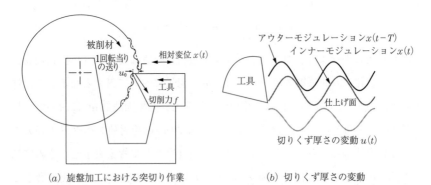

(a) 旋盤加工における突切り作業　　　(b) 切りくず厚さの変動

図 5.9 旋盤による突切り作業のモデル図と切りくず厚さの変動

ナーモジュレーション）の差および T によって決まる。このとき発生する切削力 $f(t)$ は，切削幅を b として，切削力が切削断面積に比例すると仮定すれば

$$f(t) = k_c \cdot b \cdot u(t) \tag{5.4}$$

で与えられる。ここで，k_c は比例定数で**比切削抵抗**と呼ばれる。切削力 $f(t)$ によって生じる変位 $x(t)$ は式(5.1)に示す特性によって求められる。以上の関係をまとめると，**図5.10** に示すような二つのフィードバックループを有するブロック線図で表すことができる[1]。

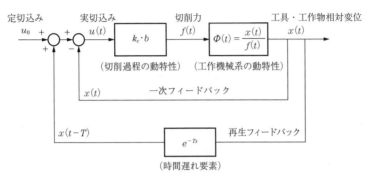

図5.10 二次元突切り切削系のブロック線図

この系では b，k_c がある一定以上の値をとると，切削系に励振源がなくても不安定となって自励振動が発生する。すなわち突切り加工においては切削幅（通常の切削では切込みに相当する）を一定値以上に設定するとびびり振動が発生する。この限界切削幅 $b_{\lim}$ は以下のように与えられる[2],[3]。

$$b_{\lim} = \frac{2k\varsigma}{k_c} \tag{5.5}$$

この条件を満たすのは図5.8の下図において，コンプライアンスの実部の値が $(-1/4 \cdot k \cdot \varsigma)$ となる点，すなわち最小の値を取る点であり，このことからびびり振動が発生する周波数は構造系の共振周波数より若干高い周波数であることがわかる。式(5.5)より，びびり振動が発生する限界切削幅は，構造系の静剛性 k，減衰係数 ς が大きく，比切削抵抗 kc が小さいほど大きくなることが求められ，このことは直感的にも容易に理解することができる。図5.10に示す

フィードバック系の安定性を支配するもう一つの要因は主軸1回転に要する時間 T である。T が変われば図 5.9(b) に示すアウターモジュレーションとインナーモジュレーションの位相が変化し，切りくず厚さの変動が変化する。このことは限界切削幅 $b_{\lim}$ が主軸回転数に依存することを示している。以上より主軸回転数に対するびびり振動の限界切削幅を求めると**図 5.11** に示すようなびびり振動の安定線図が得られる。びびり振動の安

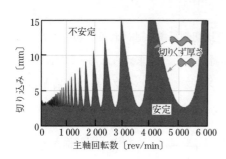

図 5.11 びびり振動の安定線図の計算例

定線図は上述した旋盤加工のみならず，フライス加工，中ぐり加工など他の種類の加工に対しても同様に求められる[4]。なお，フライス加工の場合の T は，主軸1回転に要する時間をフライスの刃数で除した値となる。図 3.37 に示したびびり振動回避システムではこの理論に基づいて主軸回転数を制御し，びびり振動を回避している。

〔**4**〕**熱変形特性** 工作機械の主要な構成部材である鋼や鋳鉄は $10\sim12\times10^{-6}/\text{℃}$ の熱膨張係数を有している。このことは長さ1mの部材は温度が1℃上

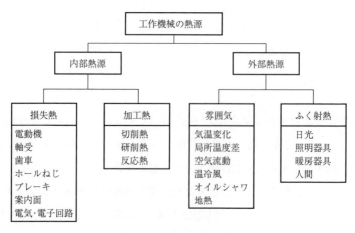

図 5.12 工作機械の主要な熱源

昇することによって約 10 μm の単純膨張をすることを意味している.そのため工作機械は各部の非定常な温度変化によって熱的な変形,すなわち熱変形を生じており,その結果として加工精度が劣化する.熱変形は既述したように,特に精度が高い工作機械では重要な精度劣化の原因となる.

工作機械熱変形の原因となる熱源は,工作機械内部で発生するもの(内部熱源)と工作機械を取り巻く環境から熱伝達やふく射によって伝えられるもの(外部熱源)に大別される.工作機械の主要な熱源をまとめると**図 5.12** のようになる.工作機械の熱変形によって,加工精度が劣化する過程は大まかに**図 5.13** のように表される.すなわち加工法と加工条件によって概略の内部熱源の熱量が決まり,加工環境から伝えられる外部熱源の熱量とあわせた熱源の大きさによって工作機械各部の温度分布が決まり,それに応じて工作機械各部の熱歪が発生し,結果として工作機械が熱変形して加工誤差が生じる.

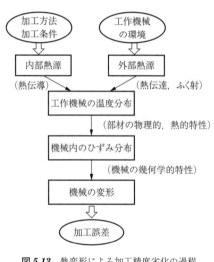

図 5.13 熱変形による加工精度劣化の過程

一般に工作機械の熱変形に大きな影響を及ぼす要因としては,主軸の回転やテーブルの駆動に伴う熱損失,雰囲気の温度変化,加工熱があげられる.

5.2 工作機械の特性解析と評価

〔1〕運動精度の測定と解析 工作機械のテーブルや刃物台などの直動部の真直運動精度を測定する方法としては,主軸に取り付けたテストバーや案内面に並置した直定規を理想参照直線として,移動体に固定した変位計を利用して測定する方法が広く用いられている.例えば,**図 5.14** はテーブルの真直度測

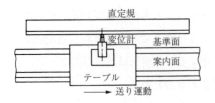

図 5.14 直定規による直線運動精度の測定

定法を示している．この場合，直定規の基準面が運動方向と平行であれば，変位計の出力から直接に真直度を求めることができ，また基準面が傾いていれば，その分だけ補正してやればよい．真直運動精度を求める方法としては，このほかレーザ干渉計などの光学測定器を用いる方法，水準器やオートコリメータによって，一定距離移動するごとに角度誤差を求め，それを積分する方法などがある．**図 5.15** はレーザ干渉計を用いて角度誤差を測定する方法を示している．この場合，主軸に一体形の二つの角度反射鏡を取り付け，直線運動に伴って角度誤差が生じると，上下の角度反鏡の光路差が発生するのでそれから角度誤差を計算することができる．

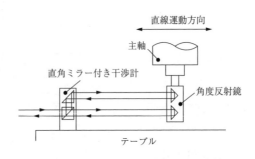

図 5.15 レーザ干渉計による角度誤差の測定

主軸の回転運動誤差を測定する方法の例を**図 5.16** に示す[5]．ここでは同軸に配置された二つの基準球を主軸に取り付け，非接触変位計を用いてそれぞれの球の半径方向誤差を測定し，その平均値をとることによって回転軸の半径方向誤差を，また両者の差から傾き誤差を求めることができる．軸方向誤差は右に取り付けた基準球に対して設置した非接触変位計から直接に読み取ることができる．

図 5.7 に示したような二つの直線軸の同時運動制御によって円運動を創成した場合の生じる総合的な運動精度を測定する方法としては，**図 5.17** に示す**ダ**

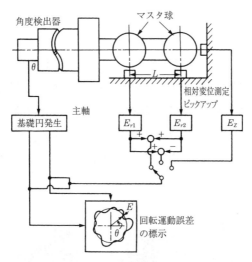

図5.16 主軸の回転運動誤差測定法の例

ブル・ボール・バー（**DBB**：Double Ball Bar）**法**が広く用いられている。

これは図に示すように，主軸側とテーブル側のソケットに磁石で取り付けられた二つの真球をつなぐ伸縮可能なDBB装置を用いて，二つの真球間の相対変位を高精度で測定するものである。主軸が

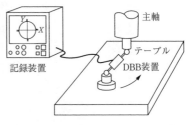

図5.17 DBB法によるテーブルの運動誤差の測定

円運動の中心上にあり，完全な円運動が創成された場合には二つの真球間の距離は変化しないが，運動誤差がある場合にはそれに応じてこの距離が変化することを利用して円運動誤差が求められる。

〔2〕**剛性の解析と評価**　工作機械系の剛性の内重要なものは，基本的に工具・工作物間の剛性である。実際には工具・工作物間に相対的な外力を加えて，相対変位を測定することは困難であることから，例えば**図5.18**に示すように，主軸に取り付けた工作物に外

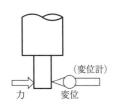

図5.18 工作機械の剛性試験の例

力を加えて工作物の変形を測定する方法が採用される．工作機械の設計段階では予め工作機械の数学モデルを作成し，有限要素法（FEM：Finite Element Method）などを用いて工作機械構造の剛性を求めて評価を行い，構造の最適化が図られる．有限要素法を用いてマシニングセンタの剛性解析を行った例を**図 5.19**に示す．図はテーブル上に固定した工作物と主軸の間に水平方向（X方向）の相対的な力を加えた場合の解析結果を示しており，相対的な力によって発生する工作機械や工作物の変形状態を直感的に理解することができる．

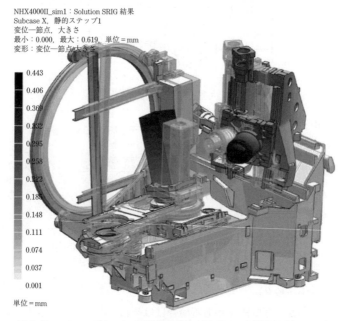

図 5.19 マシニングセンタの剛性解析結果の例（DMG 森精機の厚意による）

〔3〕**動特性の解析と評価** 工作機械のびびり振動防止の観点からは，図 5.9 に示したように工作機械の動特性として工具・工作物間に加えられた動的な力に対する工具・工作物相対変位のコンプライアンスを求める必要ある．現在，最も一般的に用いられている動特性測定法は，インパルス応答法による測定法で，力変換器を具備したハンマで構造をインパクト加振し，それによって発生する過渡応答振動を測定して周波数応答を求める方法である．その原理と

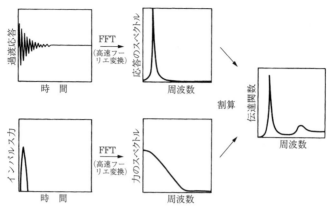

図 5.20 インパルス応答法による周波数応答測定の処理の流れ

処理の流れは**図 5.20**に示すとおりで，持続時間が短いインパルス状の加振力 $f(t)$ を測定してそのフーリエ変換を行って加振力のスペクトル $f(\omega)$ を求め，同時に測定した応答振動 $x(t)$ のフーリエ変換から応答のスペクトル $x(\omega)$ を求めて，それらの比からコンプライアンス周波数応答 $\Phi(\omega)$ を計算によって求めるものである。現在では，専用の測定器あるいは処理ソフトが用意されており，きわめて短時間に周波数応答が求められるという利点がある。ただし，実際の測定においては，ハンマを用いて工具・工作物間の相対加振を行うことは不可能であるので，工具あるいは工作物側の動剛性が低いほうを加振するか，工具側および工作物側を別々に加振して周波数応答を求め，計算によって相対加振に対する周波数応答を求めることが行われる。また，応答振動の測定においても，相対振動を測定することは困難であることから，加振点における加速度を小形の加速度計を用いて測定し，2回積分の計算を行って変位に換算するのが通例である。

一般に，工作機械構造は複雑であるため図 5.8 に示したような1自由度の振動系の特性は示さず，多くの共振周波数を有する多自由度の振動系の特性を示す。いま，簡単のために，工作機械構造が2自由度の振動系で表されるとすると，二つの共振周波数を有し，そのコンプライアンス周波数応答は**図 5.21** に

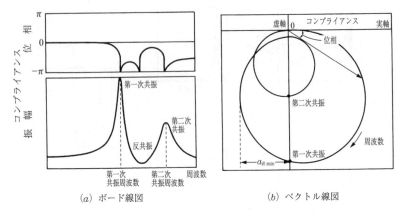

図 5.21 2自由度振動系のコンプライアンス周波数応答

示すようになる．工作機械構造は共振周波数において大きく振動するが，それぞれの共振周波数において異なった形で変形する．例えば，図 5.22 は一例としてラム形フライス盤について同定された五つの共振周波数において，構造がどのように変形するかを図示したものである[6]．特定の共振周波数における構造の変形の仕方を振動モードと呼ぶ．振動モードは共振周波数が低いほうから順に複雑な形になることが知られている．図 5.21 に示した2自由度の振動系の特性は，便宜上独立した二つの1自由度振動系の特性を重ね合わせたものとして表現することができて，それぞれのモードにおける等価な質量 m_e，剛性 k_e および減衰係数 c_e を求めることができる．

工作機械を設計するうえでは，あらかじめ計算によって構造の動特性を求め

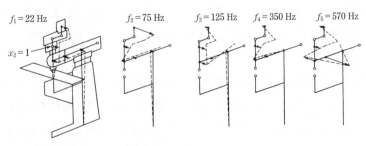

図 5.22 ラム形フライス盤の代表的な振動モード（水平法以降に加振した場合）

ることができれば好都合である．現状では有限要素法などを用いて，構造の複数の共振周波数とそれらの共振における振動モードを計算することができる．有限要素法を用いて工作機械構造の振動モードを求めた例を**図5.23**に示す．図は，図5.19に示したマシニングセンタについて水平方向（X方向）に加振した場合の代表的な共振周波数における振動モードを示したものであり，これによってそれぞれの共振状態で工作機械構造がどのように変形するかを理解することができる．ただし現状では減衰のメカニズムに関する科学的な理解が十分でないため，計算によって減衰係数を求めることはできない．そこで実用的には，あらかじめ実験的に求められた結果を利用し，減衰係数を仮定して解析を行っている．以上のように振動モードを解析することによって，共振状態において構造がどのように変形するか理解することができるため，振動の影響を低減するための補強など，構造の動特性改善に役立つ．

46 Hz　　　　　　　67 Hz　　　　　　　125 Hz

図5.23　有限要素法によって求めた工作機械の振動モードの例（DMG 森精機の厚意による）

〔**4**〕**熱変形の解析と評価**　　弾性変形や振動と異なり，工作機械の熱変形は原因となる熱源が多いうえに変形を生じる過程が複雑であり，また熱が伝わるのに要する時間が長いため非定常な変形過程となることから，熱変形の解析・評価は容易ではない．

　熱変形現象を理解するために，一例としてオン・オフ制御の空調機で室温を制御した簡易恒温室内に設置された超精密工作機械主軸の熱変形を測定した結果を**図5.24**に示す[7]．実験に使用した主軸は空気静圧軸受支持の超精密主軸で，軸端に基準球を設置し，対抗するテーブル上に設置した容量型非接触変位計で主軸端の軸方向変位を測定した．図(b)に示す相対変位の測定結果は，図

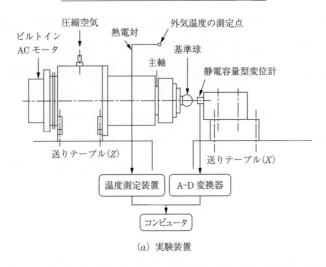

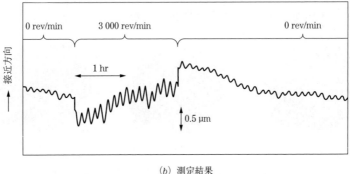

(b) 測定結果

図 5.24 簡易恒温室に設置された超精密主軸の熱変形測定例

中の上に向かう方向が主軸とセンサが接近する方向で，逆に下に向かう方向は主軸とセンサが離れる方向を示している．まず，主軸を停止から 3 000 rev/min で回転を始めると，主軸は遠心力のために半径方向に膨張し，結果として軸方向に収縮するため軸端はセンサから離れる方向に移動する．回転中に軸端が規則的に伸び縮みしているのは，空調機のオン・オフ制御による気温の周期的な変化に対応するものである．また回転中に空気との摩擦により主軸が徐々に伸びて，軸端がセンサに近づいている．主軸の回転を止めると，主軸は元の長さに戻るため軸方向に伸びる．主軸が回転している場合に比べて，回転していな

い場合のほうが環境温度変化に伴う周期的な伸縮が小さいのは，主軸停止中のほうが外気から主軸に伝わる熱の伝達率が小さいことによる。

　さて，設計段階において有限要素法などを用いて工作機械の熱変形特性を解析することは有用であり，現在では工作機械メーカ各社において試みられている。ただし，この場合，熱源の強度を精度よく推定することは難しい。最近では工作機械の最大の内部熱源である主軸の回転に伴う発熱が重要であることが認識され，マシニングセンタなど多くの工作機械の主軸周りに一定の温度に制御した油を循環させて発生した熱を機外に取り出すとともに，主軸周りの温度をできるだけ一定に保つ工夫がなされている。通常のマシニングセンタでは主軸回転中の主軸周りの温度上昇は室温に比べてせいぜい2～3℃程度に抑えられている。小形の立形マシニングセンタの主軸を無負荷運転させた場合の各部の温度上昇と，それに伴って発生した熱変形量を有限要素法を用いて計算した結果を**図5.25**に示す。これは主軸を4 000 rev/minで3時間無負荷回転させたあとの温度分布と熱変形を示したものである。主軸の回転に伴って主軸周りの

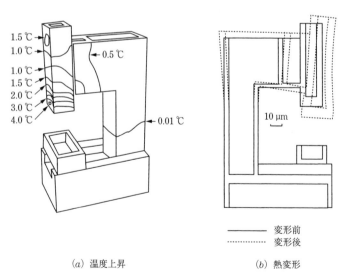

(a) 温度上昇　　　　　　　　　　(b) 熱変形

図5.25　小形たて形マシニングセンタの温度分布と熱変形分布
（主軸を4 000 rev/minで3時間無負荷回転させた結果）

温度が上昇し，その結果として主軸頭が伸びるとともに，コラムが若干後ろに反っていることがわかる．

加工中に工作機械の熱変形を測定したり推定する方法はいくつか提案されているが，実加工中に熱変形を測定することは難しい．そこで熱変形に直接関係する各種物理量を測定して，実験的あるいは解析的に熱変形を推定することが試みられている．一般的には工作機械の代表的な点において，熱電対を用いて温度を測定し，熱変形を推定する方法が用いられている．その場合，温度と熱変形との関係を結びつける正確なモデルを作成しておくことが重要である．**図5.26** は，図 5.25 に示すたて形マシニングセンタの主軸回転数をランダムに選んで無負荷回転させ，主軸とテーブルの間の相対変位をニューラルネットワークの手法を用いて推定した例を示しており[8]，推定値は実測値によく一致していることがわかる．

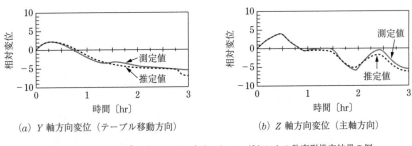

(a) Y 軸方向変位（テーブル移動方向）   (b) Z 軸方向変位（主軸方向）

図 5.26 ニューラルネットワークによるマシニングセンタの熱変形推定結果の例

5.3 工作機械の評価試験と受入れ試験

前項までにおいては，工作機械の加工性能との関係で工作機械の特性を解析・評価する方法について述べた．特に，工作機械メーカの立場からは，考えられるあらゆる加工法に対応して，できるだけ詳細に工作機械の特性を解析し，工作機械を設計製造するうえでの基礎とし，かつ性能改善の糸口を見い出すことが重要となる．他方，工作機械を使用するユーザの立場からは，自分が

必要とする仕様や加工性能をその工作機械が満足しているか，できるだけ簡単に試験し評価することが望まれる。こうしたメーカとユーザが共通して納得することができる試験法として，評価試験および受入れ試験が位置づけられる。

評価試験や受入れ試験に相当する試験方法は，広く日本工業規格（JIS）や国際的な規格（ISO）で定められており，以下その主要な部分について紹介する。まず，JIS B 6210：工作機械——運転試験方法及び剛性試験方法通則では，工作機械の運転に必要な性能を試験するための項目として，**表5.1**に示す四つの試験項目を定めている。また，静的精度試験項目として，**表5.2**に示す5項目を定めている（JIS B 6191：工作機械——静的精度試験方法及び工作精度試験方法通則）。具体的な試験法の例として，普通旋盤の場合を例にとって代表的な

表5.1 運転試験の項目と内容（JIS B 6210：2010）

試験	内容
機能試験	数値制御による試験は数値制御テープおよびそのほかの数値制御指令によって各部を作動させ，機能の確実さおよび作動の円滑さを試験する。（数値制御によらない試験は別）
無負荷運転試験	工作機械を所定の無負荷状態で運転し，運転状態，温度変化および所要電力を試験する。
負荷運転試験	負荷運転試験は，工作機械を負荷状態で運転し，運転状態と加工能力とを試験する。
バックラッシ試験	バックラッシ試験は，操作または工作精度に著しい影響を及ぼすものについて試験する。

表5.2 静的精度試験項目（JIS B 6191：1999）

静的精度試験項目	詳細な項目
真直度	平面内または空間内の線の真直度 構成要素の真直度 運動の真直度
平面度	
平行度，等距離度および一致度	線および面の平行度 運動の平行度 等距離度 同軸度，一致度またはアラインメント
直角度	直線および面の直角度 運動の直角度
回転精度	振れ 周期的軸方向の動き 端面の振れ

表 5.3 普通旋盤の代表的な精度検査項目と測定方法（JIS B 6202：1998, 表1）

検査事項	測定器	測定方法図
ベッド 滑り面の真直度 （Y-Z 面内）	精密水準器 光学測定器	
往復台 水平面内における往復台の真直度	ダイヤルゲージおよびテストバーまたは直定規	
心押し台と往復台の平行度 a) 水平面内 b) 垂直面内	ダイヤルゲージ	
主軸 a) 主軸方向の動き b) 主軸フランジ端面の振れ	ダイヤルゲージおよび必要なときは特殊ジグ	F^{**}
主軸中心線の振れ a) 主軸端の近くで b) 主軸端から $Da/2$ の距離または 300 を超えない位置で （Da：ベッド上の振り）	ダイヤルゲージおよびテストバー	
主軸中心線と往復台の長手方向運動との平行度 a) 水平面内で b) 垂直面内で	ダイヤルゲージおよびテストバー	
工具送り台の長手方向運動と主軸中心線との平行度	ダイヤルゲージおよびテストバー	

検査項目と測定方法を**表5.3**に示す（JIS B 6202）。このほか各種汎用工作機械の精度検査については，JIS B 6203〜JIS B 6252に定められており，また数値制御旋盤およびターニングセンタについては，JIS B 6331に，さらにマシニングセンタについてはJIS B 6336に定められている。

そのほかの重要な運動誤差として，JIS B 6190 工作機械試験方法通則では，回転軸の誤差運動として**図5.27**に示すように，誤差運動の総合，固定感度方向における軸方向誤差運動，端面誤差運動，半径方向誤差運動，傾斜誤差運動を定めている（JIS B 6190-7）。また数値制御による円運動精度試験（JIS B

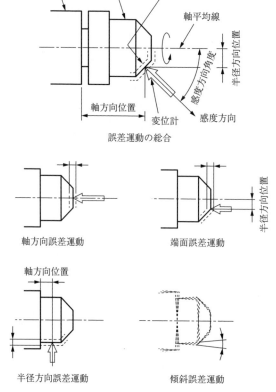

図5.27 一般的な誤差運動ならびに固定感度方向における軸方向，端面，半径方向および傾斜誤差運動（JIS B 6190-7：2008，図2）

6190-4) では，真円度を図5.28に示すように，輪郭を描いている実際の経路を二つの同心円（最小領域円）で挟んだときの最大内接円と最小外接円との半径差，または得られた実円経路の最小二乗円を基準とし，その中心を同心として描いた最大半径円と最小半径円との半径差と定義している。数値制御による円運動試験法としては，図5.17に示したDBB法のほかに，詳細は省略するがロータリエンコーダを組み込んだ測定器による円運動試験法，基準円盤と二次元変位計とによる円運動試験法などが定められている（JIS B 6190-1）。

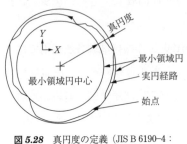

図5.28　真円度の定義（JIS B 6190-4：2008，図2）

JIS B 6190-3では熱変形試験も定められており，一例として立形マシニングセンタの熱変形測定装置を図5.29に示す。これは主軸を回転運動および直線運動させた場合に，定点において主軸に取り付けたテストバーとテーブル上に設置した非接触型の変位計との相対変位を測定することにより，X軸，Y軸，Z軸3方向の主軸とテーブルの相対的な熱変形，ならびにZX面およびYZ面内の相対的な傾きを求めることができるものである。

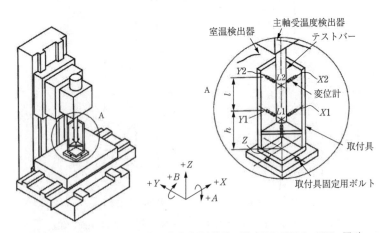

図5.29　立形マシニングセンタの熱変形測定装置の例（JIS B 6190-3：2008，図1）

最終的な受け入れ試験方法として，実際に加工を行ってその結果をもとに評価することが考えられる。JIS B 6331-6（数値制御旋盤及びターニングセンタ検査条件——第6部：工作精度検査）では，実際に円筒試験片の外丸削りを行い，真円度測定器，マイクロメータを用いて，真円度及び加工直径の一様性を測定するとしている。この場合，当然ながら試験片の材料及び寸法，工具の材料および寸法，切削条件などを細かく定めておく必要がある。マシニングセンタの場合も同様に切削試験を行って工作精度を評価することが定められている。このような工作物の例を**図5.30**に示す（JIS B 6336-7）。

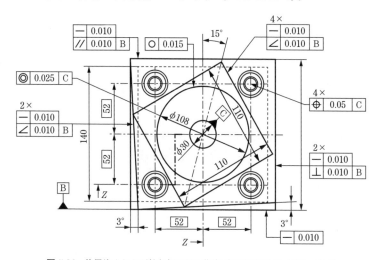

図5.30 位置決めおよび輪郭加工用工作物（JIS B 6336-7：2018，図2）

マシニングセンタを用いて加工することができる各種の加工法，すなわちドリル加工，中ぐり加工，平面加工などを組み合わせた加工を行って，総合的に加工精度を評価しようとするものである。この場合の評価項目をまとめて**表5.4**に示す。この場合においても

表5.4 マシニングセンタで加工した工作物の評価項目（JIS B 6336-7：2018）

a) 円筒度
b) 穴中心線と基準面Aとの直角度
c) 各側面の真直度
d) 隣り合う側面間の基準面Bに対する直角度
e) 向かい合う側面間の基準面Bに対する平行度
f) 各側面の真直度
g) 基準面Bに対する75°の角度精度
h) 真円度
i) 中心穴Cと円との同心度
j) 各面の真直度
k) 基準面Bに対する角度の精度
n) 中心穴Cに対する穴の位置度
o) 大きいほうの穴Dに対する小さい穴の同心度

当然ながら，工作物，工具，切削条件などに関して詳細に設定しておく必要がある[†]。

工作機械のびびり振動に対する安定性を加工実験によって評価することは難しい。なぜならすでに述べたように，びびり振動の安定性は工具や工作物の動特性も含めた総合的な工作機械系の動特性，さらには主軸回転数などの加工条件によって決まるからである。高速で大量にアルミニウム合金を切削する航空機業界などでは，エンドミルに相当する超硬合金製の丸棒を主軸に取り付けてインパルス試験を行い，得られた動コンプライアンスから工作機械のびびり振動安定性を評価することも行われている。この場合，主軸系の動剛性が重要な役割を果たす。

5.4 経済性評価

工作機械の経済性評価は，本来はメーカおよびユーザの両方にとって重要なものである。しかし，メーカでは機能・性能評価と同等に取り扱われることは少なく，また，ユーザでは使用する機種や加工方法などを選定する際に必要不可欠と認識されているにすぎない。これは，いずれの場合にも対応できる適切な技術が確立されていないこと，また，基盤となる学術研究が立ち後れていることが大きな理由である。例えば，メーカでは「経済的な構造設計」と呼ばれる技術が，特にアジア諸国やアフリカ大陸向けの機械で必要なことは理解されているものの，設計方法そのものが体系化されていない。

そこで，そのような状況を理解する一助として，まず数少ない研究例を紹介し，ついで「加工要求への経済的な対処策」をユーザが構築する手がかりとして，1980年代にEhrlenspielがまとめたデータのいくつかに触れておこう[10]。これに関連して，2章で提案されている「加工空間の連環」なる概念に，コスト面での評価因子を組み込めば，経済性評価の一つの手段となることにも留意

[†] JISは頻繁に改定されており，本書に記載したJISの番号は執筆当時の最新情報によるが，将来的に変更があり得る。

すべきである。

　さて，Gontarzらは，ユーザにおけるエネルギー効率の改善を考慮した工作機械のリトロフィットへの合理的な投資の評価を行っている[11]。工作機械の寿命が10年以上といわれる点を考えると，その間における機能・性能の改良は重要であり，そのような観点からリトロフィットをとらえるべきとしている。魅力的な研究目標の設定であるが，以下に述べるように実用には向かないであろう。ちなみに，工作機械に対する需要が大きい中国大陸では，中古の大形工作機械を米国から輸入してリトロフィットを行っているので，このような投資の評価は重要である。

　Gontarzらは，例えば運転状態や周辺環境を規定したうえで，機械全体に供給されるエネルギーの各部品への供給割合を勘案して「リトロフィット指標」を算出としているが，なんらの算出式を明示していない。また，トータルエンクロージャが普遍化して，複雑な「熱勘定」の状態になっているにもかかわらず，それらを無視して数学的な処理を行えるようにしているので仮定が多い。

　ところで，汎用TCやMCの発展とともに「加工機能の集積」が数段と進みつつある。その結果，モジュラ構成とその展開形である「プラットフォーム方式」が普遍化しつつある（2章参照）。モジュラ構成は，実用に供された当初の1930年代から経済性に優れた構造構成方法とされている。しかし，興味のある喫緊の課題ではあるものの，モジュラ構成の経済性に関わる研究は皆無に等しい。これに対して，Kerstenらが「Costs-by-cause」と称する原則を用いた意思決定支援方法を提案し，核となる指標を用いてモジュラ構成により得られるコスト効果を評価している[12]。

　その提案では，「在庫管理」や「品質管理」などに関わる直接的な費用のほかに，「製品開発期間や納期の短縮」，「商品展開の多様性」など，モジュラ構成により得られる効果を換算した間接的な費用を考慮すべきとしている。興味ある研究ではあるが，Kerstenら自身が認識しているように，現状は定性的な評価に留まっている。

　以上に述べたような状況から理解できるように，現時点で工作機械の経済性

を論じるとなると，1980年代にまとめられた参考に値する実績を基に，現状に即したデータベースを自分自身で構築せざるを得ないであろう．ただし，その当時には「機械にNC装置を付設」したのみである，いわゆる第一世代のNC

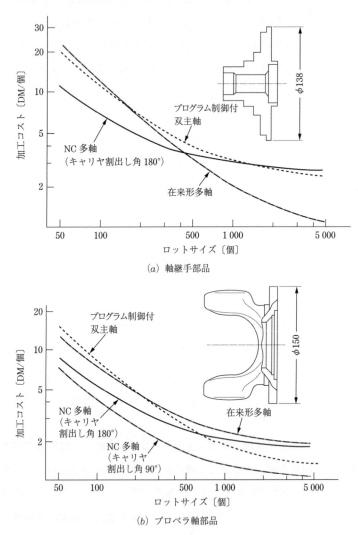

(a) 軸継手部品

(b) プロペラ軸部品

注：1980年の時点で1 DM（ドイツマルク）＝125円

図 5.31 対象加工物による自動盤の経済性の変化（Diekmannら[9]による，1978年）

工作機械が普遍化し始め，在来形との加工コストの比較が大きな話題であったこと，また，その後にNC工作機械は大きく進歩して，ミルターンにみられるように，「加工機能の集積」が常識化していることに留意すべきである。

それでは，以下にはいくつかの評価例を示しておこう。

図 5.31(a), (b)は，自動盤を対象として，在来形に対する第一世代のNC化の効果を示したものであり，つぎのような興味ある事実が示されている[9]。

① ロットサイズが小および中の領域では，多くの場合にNC化が優れた経済性を示している。これは，NC装置の有する加工機能の柔軟性（フレキシビリティ；flexibility)，ならびにNC化による「むだ時間（アイドル時間）」と「仕掛り経費」の削減によるところが大きい。

② 在来形，あるいはNC化のいずれにおいても，加工対象部品の形状や寸法によって加工コストの優劣は大きく変わってくる。

③ 一般的に，多軸自動盤はロットサイズの大きな加工で有利とされているが，プロペラ軸部品では逆に不利となっている。ちなみに，2000年代でも，在来形多軸自動盤が，情報機器の部品加工のように，小径の棒材の多品種少量生産に用いられている。ただし，すべての工具スライドをドラムカムで一括制御するGildemeister型やAcme-Gridley型ではなく，各工具スライドを個別に板カムで制御できるSchütte社製の自動盤を使用するのが前提条件である。要するに，一言で「多軸自動盤」と区分されても，形状創成運動を具体化する構造によって加工コストの評価が大きく変わるので，注意が必要である。

ここで，Ehrlenspielがまとめたいくつかのデータを紹介しよう。まず，**図 5.32** は，転がり軸受で支持された回転軸の軸端を標準部品で固定する場合のコストの比較である。安く入手しやすい標準部品でも，いずれの部品を使うかによってコストが大きく異なることが示されている。この比較例で注意すべきは，止め輪が溝に隙間なく嵌め込まれることに対する費用の見積りである。溝入れバイトの寸法管理や適切な加工条件の設定は必要，不可欠であるが，作用するスラスト荷重が大きい場合には，止め輪の両側面の研削加工が必要になる

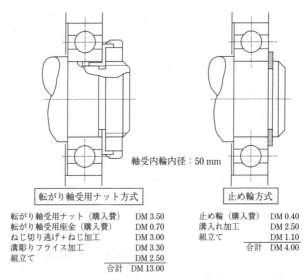

図 **5.32** 標準部品を採用した設計にみるコストの違い(転がり軸受支持の軸端の固定方法,Ehrlenspiel による)[10]

こともある。

つぎに,**図 5.33** では,4種類のすぐ歯平歯車機構によって減速比 1:10 の駆動を行う際の単位入力モーメントに対する加工コストの比較を行っている。歯車(材質:16MnCr5)は焼入れ処理後に研削加工され,一個物生産である。また,コスト計算では,歯車のみを対象として,軸,軸受,歯車箱などは含めていない。なお,参考までに,単位入力モーメント当りの重量,すなわち減速機構のコンパクトさも比較している。図からわかるように,減速機構をどのような歯車対で構成するかはコストに大きく影響するし,さらにコンパクトさを考慮すると,採用すべき機構が変わってくる。

以上はメーカ側の例であるので,ここでユーザの立場からのデータ例を**図 5.34** に示しておこう。すなわち,部品図を与えられたときに工程設計によってコストが大きな影響を受けることを例示していて,示唆に富んだ内容となっている。要するに,加工コストの削減には,使用できる機種を考慮した工程設計

5.4 経済性評価

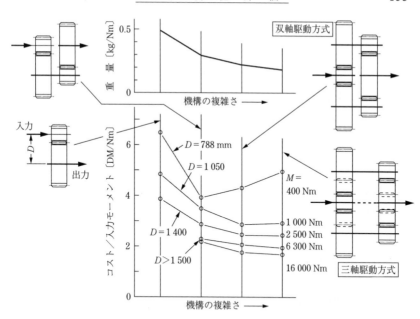

図 5.33 すぐ歯平歯車機構の構成によって異なる加工コスト（減速比 10，16MnCr5 製，研削仕上げ，ロット数 10，Ehrlenspiel による）[10]

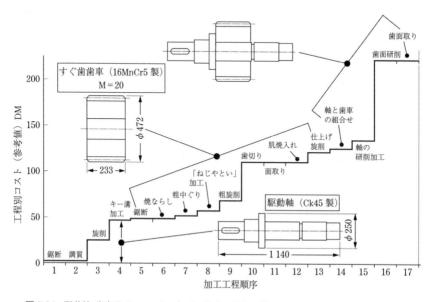

図 5.34 駆動軸-歯車サブユニットの加工・組立工程と工程別のコスト（Ehrlenspiel による）[10]

の質が鍵となる。

5.4.1 加工コストの算出方法

工作機械の経済性評価は手法が確立されていないが，少なくとも製品の原価を算出する基礎として，製品を構成する個々の部品の加工コストの算出方法は重要である．別の表現をすれば，部品の加工に関わる技術者として最低限身につけるべき素養は，部品図をみて頭の中で概略の「工程設計」を行い，加工コストを見積りできること，また，見積り結果を見て加工コストの低減を策定できることである．この素養は，もちろん製品設計者で部品図作成に携わる者にも要求される．

さて，加工コストの算出には，いろいろな方法が使われるが，ここでは最も簡単な方法として以下の式を紹介しよう．

$$C = (K_m + K_z)\left(\frac{T_i}{n} + T_e\right) \tag{5.1}$$

ただし，$K_m = A\dfrac{1+\alpha}{60T_0}$，$K_z = P(1+\beta)\dfrac{z}{60}$

ここで，C：部品1個当りの加工費〔円〕，K_m：機械費〔円/min〕

K_z：作業費〔円/min〕，T_i：段取り時間〔min〕

n：ロットサイズ，T_e：1個当りの加工時間〔min〕

A：工具費込みの機械購入費〔円〕，

T_0：年間総稼働時間〔h〕，α：金利

P：平均労務費〔円/h〕，β：間接比率

z：作業者必要率

簡単な方法といっても，これ以外に使用年数の経過による機械の原価償却を考えてK_mを求める方法，機械の設置場所まで工具や工作物を搬送するための費用（搬送費）を組入れる方法などがある．

ところで，式(5.1)中の(K_m+K_z)を**割歩**と呼び，加工コストを割歩と加工時間の積として求めるのが最も簡便な方法であり，部品図作成や部品図を与えら

れて工程設計をする際に用いられる。

そこで，図 **5.35** には，割歩を使って軸受ハウジングの加工コストを計算した例を示してある。まず，部品図をみて必要な工程を洗い出し（工程分析），ついで工程を適切な順番に配列（工程設計）する。そして工程ごとに加工コストを算出して，それらを合計すれば全加工コストが得られる。図には，A 部の粗旋削加工と中心部の穴あけ加工の計算例（参考値）を示してあるが，図中に示した加工方法（工程）記号は JIS に準拠している。なお，旋削では「送り量」をつぎのように「送り速度」に換算する必要がある。

送り速度 f〔mm/min〕= 送り量 s〔mm/rev〕× 主軸回転数 n〔rev/min〕

ただし，切削速度 V〔m/min〕= $(\pi Dn)/1\,000$，D = 直径〔mm〕

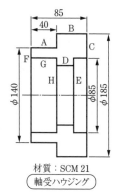

材質：SCM 21
軸受ハウジング

A部粗加工のコスト
切込み 4 mm × 送り量 0.2 mm/rev（6回繰り返し）
切削速度 80 m/min，n = 160 rev/min
送り速度 32 mm/min，加工時間 約 0.8 min × 6 = 4.8 min
割歩 500 円/min，加工コスト 約2 500 円

穴あけ加工
下穴加工：直径 20 mm，切削速度 30 m/min，送り量 0.5 mm/rev
n = 500 rev/min，送り速度 250 mm/min，
加工時間 約 0.4 (90/250) min
下穴加工：直径 60 mm，切削速度 30 m/min，送り量 0.5 mm/rev
n = 160 rev/min，送り速度 80 mm/min，
加工時間 約 1.1 (90/80) min
割歩 300 円/min，加工コスト 約 450 円

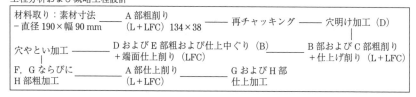

図 **5.35** 割歩による加工コストの計算例

以上のように，工作機械の経済性評価の一つは加工コストを指標として行うことができるが，式 (5.1) からもわかるように，それは工作機械単体を評価し

ているわけではない．そこには，機械本体-アタッチメント-工具-工作物系の中で部品の加工に関与する数多くの因子が関係してくる．要するに，工作機械の経済性は，利用技術の巧拙によって大きく影響される性質のものであり，特に工程設計に影響されることを意味している．

5.4.2 加工コストの削減に関わる指針

部品図を対象に加工コストの削減を論じるとなれば，まず市場調査，あるいは顧客からの注文を入力情報として，部品図および組立図の出図を出力情報とする「設計の流れ」の中での部品図作成工程の位置付けを理解すべきである．ついで，部品図作成工程で考慮される項目を把握し，加工コストの削減がきめ細かい配慮によって行われていることを認識する必要がある．

そこで，すでに図 *2.1* に示した「設計の流れ」を基に，**図 *5.36*** には部品図作成工程の入，出力情報を，さらに**表 *5.5*** には，部品図作成の際に要求される代表的な製造技術の知識の例をまとめてある．なお，表 *5.5* に示されたいろいろな知識のうちでは，加工コストの削減が非常に重要であるが，それ以外の知識も間接的に加工コストの削減に役立っていること，また，逆に部品図を与えられて工程設計を行うときにも，これら知識を念頭に置くべきである．

ところで，部品図の作成に際しては，製造技術のノウハウとともに，規格の

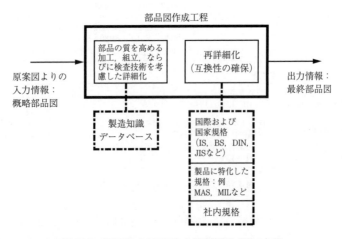

図 *5.36* 部品図作成に不可欠な製造技術と規格の知識

5.4 経済性評価

表5.5 部品図作成の際に要求される代表的な製造技術の知識

ロット（バッチ）サイズを考慮した加工コストの削減方法
コストを含む工程分析，ならびに好適な工程設計の選定

購入部品および標準部品（機械要素およびメカトロ要素）との適合性も含めた製品の「組立性」
製品機能の調整の容易さおよび製品の搬送性
使用可能な工作機械，アタッチメント，ならびに工具の組合せとそれによって実現される「形状創成運動」
社内設備機械の加工能力と達成可能な加工精度（場合によっては関連企業や下請けを含む）
部品材質の「難削性」の程度，ならびに熱処理による加工時の制約
要求されている加工精度と表面品位を実現できる加工方法
エルゴノミクス
保守・保全，ならびに修理の容易さ

表5.6 部品図作成に必要な切削加工技術と直接的に関連するJISの例

主たる留意事項		該当するJIS
加工空間の制約	歯車用ホブの直径	JIS B 4354
	工作機械用ドリルチャック	JIS B 4634
切削工具の幾何学的形状と寸法（可能な加工範囲の規制）	総形フライスの形状と寸法	JIS B 4226
	パイロット付き沈めフライスの形状・寸法	JIS B 4255
	ドリルの刃溝長さ	JIS B 4301
	フライス盤用アーバカラーの直径	JIS B 6104
工作物把握方法	三つ爪スクロールチャックの形状・寸法	JIS B 6151

知識が必要不可欠である。規格は，特に「部品の互換性の確保」の面から論じられることが多いが，「コストの削減」にも役立っていることを認識すべきである。そこで，**表5.6**および**表5.7**には，部品図を作成する際に参照すべき規格の例を示している。これらは，加工空間の制約や工作物の把握方法などの面で間接的に加工コストの削減に関わってくるが，中には丸みおよび面

表5.7 部品図作成時に参照すべきJISの例

対象項目	参照するJIS
部品の幾何公差	JIS B 0024
寸法公差およびはめあい	JIS B 0401
普通交差（切削加工の普通寸法差）	JIS B 0405
表面粗さ，仕上記号などの指定	JIS B 0601
中心距離の許容差	JIS B 0613
切削加工部品の丸みおよび面取り寸法	JIS B 0701
二面幅の寸法と許容差	JIS B 1002
センタ穴ドリル（センタ穴の形状と寸法）	JIS B 4304 (JIS B 1011)

取り寸法のように，組立精度を確保しながら加工コストの削減に直接的に寄与するものもある。**図5.37**は，その一例であり，組立精度を確保するために，部品の角部には「旋削逃げ」，あるいは「研削逃げ」を設けることが多いが，これはコストを増加させる。そこで，図中に同時に示すように，角部に丸みと面取りを規格に従って適切な寸法で規定すれば，コストを削減しつつ，組立精度を確保することができる。

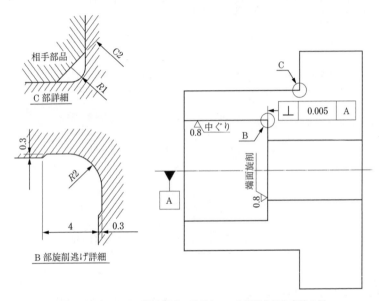

図5.37 加工および組立精度の確保とコスト削減を図る方策の例

それでは，加工コストの削減となると，重切削の際に工具の曲がりの防止，また，加工時に工作物への工具の接近を一方向にまとめることなど，細かいところにまで気を配る例を示しておこう。まず，**図5.38**は，回転軸の軸端の「止めカラー」であり，一般的な「沈み座ぐり」を「二枚刃エンドミルを用いて半径方向溝入れ」，あるいは「より大径のエンドミルで重プランジ切削」に変えることで，コストの削減を図っている。

つぎに，**図5.39**では，エンドミル加工の場合にのみ工具が別方向から工作物に接近する設計を改良，すなわちドリル加工，ねじ立て，ならびにエンドミ

5.4 経済性評価

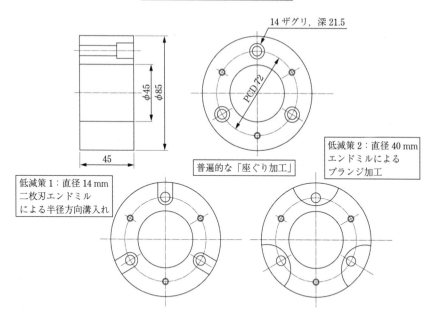

図 5.38 部品「止めカラー」にみる加工コストの削減例（元豊田工機，島吉男氏の厚意による）

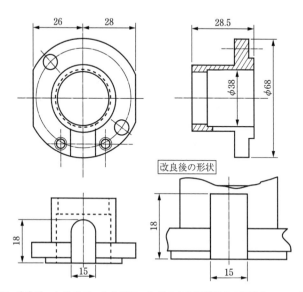

図 5.39 穴あけ，ねじ立て，ならびにエンドミル加工用工具の工作物への一方向接近－フランジカバーの改良例（元豊田工機械，島吉男氏の厚意による）

ル加工のすべてで工具が同一方向から接近できるようにしてコストを削減している。

さらに，図 5.40 には，歯車箱本体と蓋との合わせ面の加工法によって変わる組立コストの例を示してある。この例では，漏洩油が合わせ面から滲み出さないようにするのが重要であり，古くはコストの高い「きさげ仕上げ」，あるいは油溜めとなる溝を設ける方法が使われていた。一般的には，フライス削りで仕上げた面にシール材を塗布して，あるいはパッキング材を介して蓋をするが，図中に同時に示すように，オーバハング形状の蓋とすれば，これら密閉材のコストを削減できる。

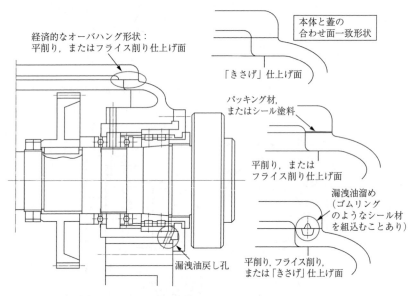

図 5.40 加工および組立コストの削減例（蓋と本体の合わせ面にみるいろいろな「漏洩油の滲み出し防止対策」）

最後に，加工コストの削減では，表 5.5 にも示したように，その時点で使用できる機種，アタッチメント，ならびに工具の組合せが大きく影響することに注意すべきである。例えば，精度の高い同心度が要求される円筒部品では，図 5.41 に示すような「捨て掴み代」を設けて，一度のチャッキングで加工を行

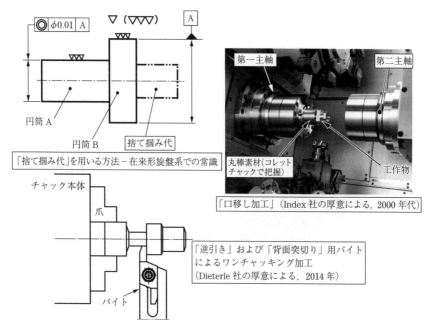

図5.41 円筒部AおよびBの同心度と表面品位を確保すべき部品の加工方法の変遷

い，最後に捨て掴み代の部分を削除する。

このような加工方法は，在来形旋盤では常識であり，NC旋盤でも使われることもある。しかし，NC旋盤が双主軸形TCへと発展し，また，切削工具の進歩により，図に同時に示すように，「逆引き旋削」や「背面突切り」ができるようになって，つぎのように様相が変わってきている。すなわち

① 第一主軸で円筒B部を仕上げ，それを「穴やといを有する第二主軸」に「口移し」してA部を仕上げる。

② 第一主軸で工作物素材を把握して，A部を「逆引き加工」，また，B部を通常の外丸削りしたあとに，A部のチャック端で「背面突切り」を行って部品を仕上げる。

いずれの方法を採用するにしても，工程設計が大きく変わり，その結果として加工コストの削減の程度も変わってくる。注意すべきは，そのような工程設計に大きな影響を及ぼす切削工具の革新が2000年代に入って急速に進んでい

ることである。そこで，**図 5.42**，**図 5.43** には，異なる加工方法を組み合わせた工具の例，ならびに刃先の迅速な交換で多様な加工に対応できるモジュラ構成工具の例を示している。なお，後者の場合には，刃先モジュールを締めやすく，緩みにくい「バットレス（鋸歯状）ねじ」で固定することが多い。

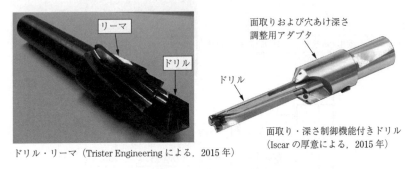

ドリル・リーマ（Trister Engineering による，2015 年）

面取り・深さ制御機能付きドリル（Iscar の厚意による，2015 年）

図 5.42　組合せ工具の例

図 5.43　刃先部分を重視したモジュラ工具の例（2015 年）

演 習 問 題

〔**1**〕工作機械において発生する各種びびり振動の原因を理解した上で,それらびびり振動の防止,抑制対策としてどのようなものがあるか検討せよ.

〔**2**〕工作機械を質量 m,剛性 k,減衰係数 c の1自由度振動系で置き換え,共振周波数および最大コンプライアンスの値を求めよ.ここで,自励びびり振動に対する安定性を高めるためには m, k, c はそれぞれどうあるべきか検討せよ.

〔**3**〕工作機械,工具,工作物の熱変形が加工精度に及ぼす影響について考察し,熱変形によって加工精度が劣化する各段階において,考えられる熱変形の防止,抑制対策を列挙せよ.

〔**4**〕切削・研削加工において発生する加工熱は,大半が切りくず,工具,工作物に伝えられる.ここで単純な切削プロセスにおいて,発熱量を推定し,熱が切りくず,工具,工作物にどのように配分されるか検討せよ.

〔**5**〕代表的な工作機械について,JIS で規定されている静的精度試験の各項目における許容値の具体例を調査せよ.また工作機械の運動精度を測定する方法,そのための計測機器として例示したもの以外にどのようなものがあるか調査せよ.

〔**6**〕工作機械の原価償却を考慮した部品1個当りの加工コストを算出する式を導け.

6

工作機械とユーザ支援技術

　近い将来に想定されているものも含めて加工要求に対応できる工作機械やFMCを購入したユーザは，それを効果的に活用して利益をあげることに強い関心がある。その場合に，最も困るのは機械の故障やFMCのシステムダウンであるので，古くから日常点検作業や保全技術，機械の故障原因分析，工作機械メーカのユーザ支援体制などが話題となっている。

　ところで，NC工作機械は信頼性が非常に高く，日本やドイツという工作機械の一流国製では，立上げのときは別にして，まず「故障はしない」といえるであろう。フレキシブル生産の場合にも，立上げが容易であり，また，使いやすいFMCが主力となってからは，システムダウンを起こさないと考えてよいであろう。ちなみに，工業先進国では1970年代末を最後に第三者機関によるNC工作機械の故障に関わる調査研究は行われていないといってもよい状況にある。

　しかし，実際には故障がまったくないわけではなく，メーカが個別に自社製品のトラブルや故障に対応しているが，その一方，ユーザが効果的に工作機械を使うことに関わる話題は，「ユーザ支援技術」の構築に軸足が移りつつある。そこでは，「工作機械の利用学」が重要であって，購入した機械の設計・製造技術に精通することは利する側面も多々あるが，二次的な意義にすぎない。

　ところが，工作機械は「一国の産業基盤」と表現されていることから示唆さ

れるように，その技術は設計・製造面を主体に研究・開発，また，実用化されてきている．要するに，メーカ主体の技術が優先され，ユーザの視点からの技術の重要性は古くから指摘されているものの，それらの開発や実用化は立ちおくれている．そのような状況を反映して，2章ではメーカ主体の観点で工作機械の構造設計を説明しているが，それらの中には間接的にユーザ向けの技術，一言で「広い意味での機械の使いやすさ」と表現できる技術が具体的につぎのように含まれている．

① 機械購入費の借り入れから故障の際の遠隔サービスまでにわたる一般的なユーザ支援体制
② ユーザの加工要求に対して工程設計や作業設計の情報提供，加工空間を重視したモジュラ構成，いわゆる「プラットフォーム」方式の有効利用
③ 保守・保全の容易な構造設計を含む品質保証設計
④ ユーザの設備機械のリトロフィットや機械の「廃棄性設計」
⑤ 防衛装備三原則に関わる移設防止機能

しかも，汎用TCやMCのように市場競争の激しい機種では，「広い意味の使いやすさ」は販売戦略の一つの鍵であるので，その具体的な技術内容は企業秘密なことが多い．また，⑤項のように，技術の性格上，その内容が明らかにされていないものもある．その一方，それら技術を設計・製造技術との関連で理解しておく必要性は増大しているので，本章でいくつかについて概要を説明しておこう．

6.1 一般的なユーザ支援技術

まず，工作機械メーカが構築しているユーザ支援体制の全体像を把握する必要があろう．そこで，2008年に日本，韓国，ならびに台湾の代表的な汎用TCおよびMCメーカの販売面からの差別化戦略について調査した結果を図6.1に再録して示す[1]．これは，差別化戦略に関わる大項目を軸にレーダ図表示をしたものであり，図中の「アフターセールス・サービス」と「ユーザの購入意欲

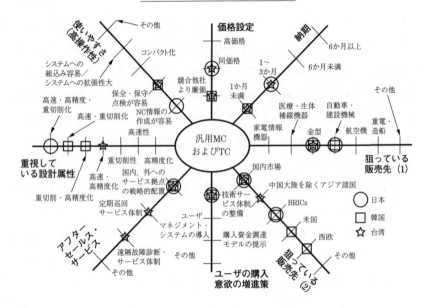

図 6.1 日韓台の差別化戦略の比較（2008年の時点）[1]

の増進策」が支援技術と密接に関係する。一目でわかるように，「サービス拠点の戦略的な配置」と「技術サービス体制の整備」に注力されている。

そこで，これらの内容をより具体的に知るべく，2010年代に大きな話題となっている「インダストリー4.0」に対応できる制御装置，例えばEMAG社の先進形NC装置と目されるものに具備されている機能を調べてみると，**図 6.2**に示すようになる。メーカによって多少の差異はあるものの，明確に「サービスおよび保全」という機能が組み込まれている。

インダストリー4.0の環境下では，一企業，あるいは企業の連合体に設置されたCIMをつかさどるコンピュータと制御装置は情報・通信ネットワークでつながっているので，図 6.2に示したほかの機能，例えばモニタリングやNC情報シミュレーションはユーザの支援に有効に利用できる体制となっている。参考までに，**表 6.1**には現今のFMCのセル制御装置で処理されている情報を先進形NC装置と比較してあり，ユーザ支援技術が格段に増強されつつあることが示唆されている。

6.1 一般的なユーザ支援技術

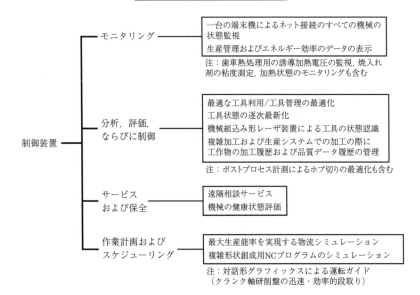

図 6.2 EMAG 社の Industrie 4.0 対応制御装置（2016 年）

表 6.1 インダストリー4.0 に対応できる先進形 NC 装置と在来形セル制御装置の機能比較

	モニタリング －機械の状態監視, 生産管理データの表示	サービスおよび保全 －機械の健康状態評価, 遠隔相談サービス	工具の状態認識, 逐次最新化/工具 利用および管理 の最適化	工作物の加工 履歴および品質 データ 履歴の管理
Siemens 社 SINUMERIK	←―――――――――具体的には不明――――――――――→			
EMAG 社	○	○	○	○
Index 社 Xpanel	○	○	○	△加工履歴データ：不明
FMC セル制御装置	○	○	△逐次最新化機能：なし	○

	作業計画および スケジューリング	部品図からの NC 情報作成および工程シミュレーション	特記事項	
Siemens 社 SINUMERIK	←―――具体的には不明―――→		ユーザの注文仕様を表示可能/ペーパレス生産	CAD/CAM と CNC 間を仮想マシンで連結, 最適化
EMAG 社	○	○		
Index 社 Xpanel	○		パソコン＋NC 装置（画面表示の切換）による「ペーパレス生産」（ビジネス組織に直結する運転システム）	
FMC セル制御装置	△上位コンピュータから情報供給	△上位コンピュータから情報供給		

ここで，監視および保守・保全に的を絞ってみてみると，その基本となる「日々の加工実績，機械の稼働状況や故障による停止など」の情報が，NC装置にパーソナル・コンピュータの機能を補完することによって総合的，また，効率的に処理できるようになっている。例えば，保守・保全の担当部門以外でも社内LANによって加工実績や機械の稼働実績を可視化して閲覧できる。もちろん，従来からの遠隔診断サービスは，最先端の情報通信ネットワーク技術を利用して，ユーザの情報保護も含めて高度化して使われている[3]。

以上のように，情報・通信ネットワーク技術と工作機械の積極的な融合はユーザ支援を強化しているが，販売戦略とも関係して最も重要性が増大しているのは，ユーザへの技術情報の提供サービスであろう。そのようなサービスは，粗加工のような作業がインドのような第三世界へ集中していく一方で，工業先進国のユーザがますます加工の難しい部品を受注する傾向にあること，ユーザの想定を超えるような切削工具の革新，プラットフォーム化の進行などでますます必要性が増大している（5.4節参照）。

6.2 加工空間の連環とプラットフォーム方式の有効利用

工作機械の設計・製造技術および利用技術の両面で古く1940年代から問題となっているのが「びびり振動」と「熱変形」である。そして，これらには，「機械-アタッチメント-工具-工作物」系，いわゆる「加工空間の連環」として対処すべきである。

ところで，加工要求の高度化，特に高い加工精度を実現するためにも，この加工空間の連環の発想が重要となってきている。そこで，まず加工空間の連環を確認するために，**図6.3**には汎用TCおよびMCについて，「加工空間（加工の場）」が「どのような大物部品，アタッチメント，ならびに工具」が関与して構成されているかを示してある[†]。このように加工空間を眺めてみると，改め

[†] 横形MCの写真は，HornによるHeckert社製MCの解説書から転載．W. Horn, Die Bibliothek der Technik 69 – Bearbeitungszentren. verlag moderne industrie. (1993)

6.2 加工空間の連環とプラットフォーム方式の有効利用

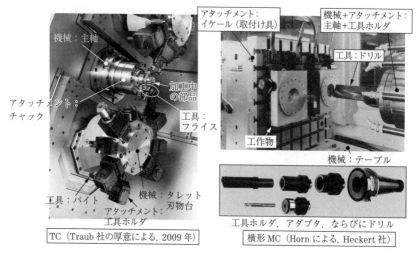

図 6.3 「加工空間」の情景

て機械を活用するには，工具ホルダやそのアダプタの知識が必要，不可欠なことが理解できる。

さて，図から「加工空間の連環」なる発想が理解できるであろうが，これをさらに図 6.4 に示すような相関図へ展開すると，工作機械メーカの行うべきユーザ支援技術が理解しやすくなる。また，逆にユーザとしては，購入した機械の特性を生かす使い方を検討しやすくなるであろう。ここで，図 6.4 は，NC 旋盤，TC，さらにはミルターンで行われることが多い「外丸削り」を対象としていて，機械が限定されていてもいろいろなアタッチメントと工具の組合せで加工方法の柔軟性を増大できることがわかる。

これに関連しては，5.4 節で紹介したように，これまでの工程設計を一変させるような切削工具や研削工具の革新が進みつつあり，それがアタッチメントにも及びつつあることに留意すべきである[†]。図 6.5 はその一例であり，革新的なモジュラ方式コレットチャックである。一般的な円形とは異なる六角形コ

[†] 研削砥石車では，2015 年ころに 3M 社が，キュービトロン（CUBITRON）という商品名で，三角形状に成形したセラミックス砥粒を用いた砥石車を市販している。微小切削のような加工が可能で「流れ形」の微小切りくずを生成して，研削熱の発生を抑制すると報告されている。

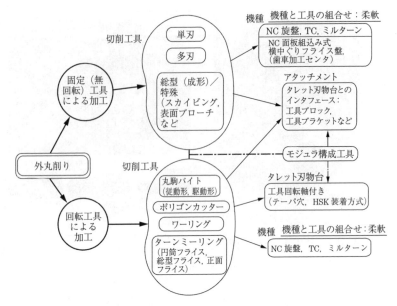

図6.4 外丸削りにみる「加工空間の連環」

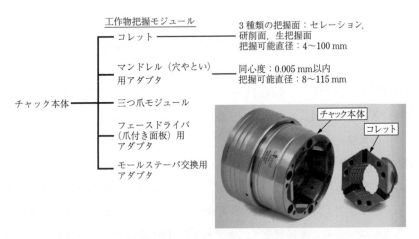

図6.5 革新的なチャックとそのモジュラ構成（Hainbuch社による，2016年）

レットとして，高い把握精度を誇るとともに，爪チャック，マンドレル，爪付きドライバなどへ展開できるモジュラ構成となっている。

　容易に類推できるように，このようなアタッチメントや工具のモジュラ構成

が国際規格に昇華すれば,プラットフォームの効用は増大する.これに関しては,主軸のテーパ穴と工具シャンク,また,タレット刃物台と工具ブロックの結合に使われるHSKが典型例である.2章のテーパのところで述べたように,一般的にテーパ結合は「一面当り」であり,そのためにMCで多用されるナショナル・テーパでは主軸の高速回転時に主軸端が「口開き」を起こし,工具シャンクが主軸テーパ部に「め込む」ことになる.そこで,図6.6に示すように,主軸端とテーパ部の2箇所で結合する,いわゆる「二面接合(二面当り)」が実用化され,その性能の良さから規格化されている.図に同時に示すように,このHSKをTCの場合に刃先モジュールとすれば,タレット刃物台への装着が容易となるし,また,砥石フランジに採用すればGCの運用が容易になる.

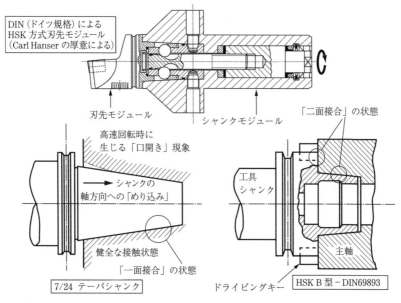

図6.6 高速回転時のナショナルテーパの「口開き」現象とそれへの対処策であるHSK

したがって,現時点ではまだ実現していないが,ユーザの工場現場で加工空間の周囲に配置される大物部品,特に主軸の主軸端やタレット刃物台の交換が

可能になることが望まれる．例えば，**図 6.7** に示すように，タレット刃物台および工具座にもいろいろな形態があり，おのおのの得失があるので，これらがユーザの工場現場で交換できれば得られるところが大きい．現時点では，① 立旋盤のラム内にフライス主軸を組込むことや ② ミルターンのフライス主軸頭に旋削用工具座（図 2.25 参照）をあらかじめ設けている段階である．

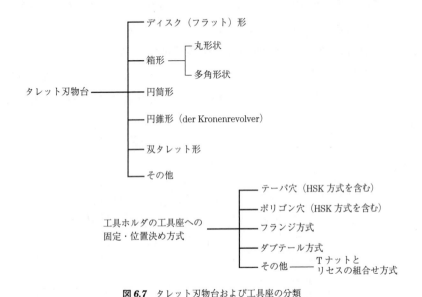

図 6.7 タレット刃物台および工具座の分類

このようにプラットフォーム方式は，機械をますます有効に活用できるようにするが，逆にメーカとしては技術情報の支援サービスの充実が販売戦略の鍵となるであろう．

6.3 予防保全を含む品質保証設計

6.1 節ですでに述べたように，故障が少ない NC 工作機械に対して，日常の自動点検・保守，定期的な保全の実施，遠隔サービスによる機械の状態診断，さらには簡単な故障であるならば「自己復帰機能」の装備などを行っている．し

6.3 予防保全を含む品質保証設計

たがって，購入した機械が故障で長期にわたって停止するという事態は想像しにくいが，やはり「機械は故障するもの」という大前提で，万が一に備えた対策が必要である。

そこで ① センサによる現状認識に基づいて，故障する前に該当する部品やユニットの交換が簡単，② 双主軸形のように，一つの主軸が故障しても残りの主軸で加工が継続できる「冗長性」を備えた構造，ならびに ③ 計画的で定期的な機械のオーバホールが行いやすいという構造設計を考えておく必要がある。ここで，①及び②項が「予防保全設計」であり，③項が「品質保証設計」と呼ばれるものである。**図 6.8** には，双主軸形 NC 旋盤の例を示してあり，一般的に自動車車輪のハブやブレーキディスクなど円板状部品の中品種中量生産用として用いられる。

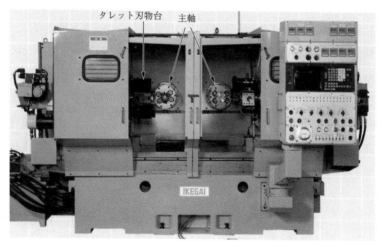

図 6.8 双主軸形 CNC 旋盤（FX25W 型，池貝鉄工製，1980 年）

品質保証設計は，一定の設計寿命時間を経過すると，核となるユニットや部品を交換して，機械の機能・性能をつねに一定水準に保つことを目的としている。これに対応する代表的なユニットが「クイル形主軸」であり，主軸頭にクイルを挿入して固定すればよいので，汎用 TC や MC では普遍化している。なお，これは同時に機械の予防保全性を高める設計でもある（図 2.13 および図

2.28 参照)†。

　在来形工作機械の時代には，クイル形主軸は横中ぐりフライス盤や大形金型加工機という限られた機種に使われていた．しかし，現今ではAl合金製航空機部品の加工を高速，高精度，ならびに重切削で行う機種には必要，不可欠な技術と考えられている．例えば，McDonnell Douglas社に設置されていた双主軸形フライス盤では，最高主軸回転数が20 000 rev/minであり，クイル主軸を定期的に交換する設計寿命時間は，1 600時間である（1980年代後半）．なお，ここでの重切削は，「単位時間当りの切りくず除去量が大きい」という意味であり，切込み深さが大きい重切削とは異なる．

　その反面，工作機械メーカは品質保証設計の採用には積極的でない側面もみられる．それは，ユーザによる機械の利用状況は千差万別であるので，ある一定期間中の主軸への荷重頻度分布を設計の際に適切に予測して設定したうえで，品質保証設計を行うことが困難なためである．この荷重頻度分布は，製品寿命期間中にはガンマ関数に従うとされているが，古く1960～70年代に実証されたのみで，その後には確められていない．そこで，オークマ(株)の立形MCで採用されているように，最高主軸回転数での連続使用時の設計軸受寿命を設定する一方，「主軸軸受寿命カウンタ」機能を装備して，実際の使用条件を最高主軸回転数で使用した場合に換算して寿命時間の累積値をNC画面上に表示する方策も使われている．

6.4 廃棄性設計

　持続する社会が常識となっている現今では，生産活動の分野でも，「むだを極力減らすこと」，また，「資源の有効利用」はつねに心がけなければならない．これは，開発から設計および製造，検査および出荷，アフターサービスを経て廃棄に至る製品の一生，すなわち「製品の生産モルフォロジー」のすべて

---

† クイル形主軸は，現今では専業メーカによって広く市販されている．例えばFranz Kessler社は，高速用，高精度用，あるいは重切削用と区分して生産・販売している．

6.4 廃棄性設計

の過程で問題となる．そして，従来はアフターサービスで終わりとなっていた生産モルフォロジーに一言で**リマニュファクチャリング**（remanufacturing）と呼ばれる新たな分野を産み出した．

図6.9は，リマニュファクチャリングを考慮して描いた新たな生産モルフォロジーである．ここで，リマニュファクチャリングは，いわゆる3R（資源の**節約**（reduce），資源の**再利用**（reuse），資源の**再生利用**（recycle）で知られている．そして，工作機械では「資源の再利用」および「部品およびユニットの再利用」が深く関係していて，これらが広い意味の**廃棄性設計**とされているものの，実用技術としては未成熟である．

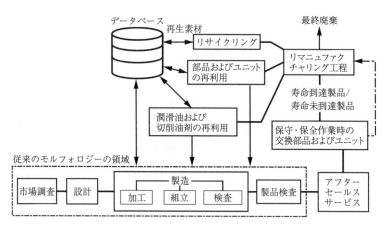

図6.9 生産モルフォロジーの概念

具体的に論じると，資源の再利用では，① 切りくずの再生利用，② 廃棄処分される機械の鋳物部品の溶解・再利用，ならびに ③ 中古機械のリトロフィットがあげられる．その一方，部品およびユニットの再利用はほとんど行われていない．それでは，これらについて概要を紹介しよう．

〔*1*〕**切りくずの再生利用**　　これは，主としてユーザの工場で問題となり，加工作業で生じた切りくずをいかに処理するか，また，できれば切りくずを売却していかに利益を挙げるかに関わる技術である．**図6.10**には，切りくずの生成からブリケットと呼ばれる再生処理をした円筒形素材までの一連の処理の

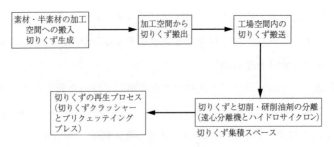

図 6.10　切りくず処理の流れ

流れを示してある。ここで，工作機械の設計・製造技術に関わる大きな問題は，「生成された切りくずの速やかな機外への排出」である。その一方，ユーザの方では，「処理の容易な切りくずを生成する条件下での加工の実施」である[2]。

周知のように，堆積した切りくずは熱源となり，機械に好ましくない熱変形を生じさせる原因となるので，機械本体をスラントベッド（チップフロー形ベッド：bed of chip-flow type）とするとともに，できるかぎり大きな切りくず落下孔を設けることになる（図2.2および図2.20参照）。要するに，切りくずの堆積に関わるベースやベッドのような大物部品に傾斜面を設けて，切りくずの自由落下が期待できる構造とする。また，切りくずとともに切削油剤がエンクロージャの隅や角部に滞留して工場の床に漏れることもあり，それにはエンクロージャ内の空気流が大きく関係する。したがって，この空気流には回転するチャックや砥石車の周辺の流れが大きく影響することも考慮して，切りくず処理の観点も含めてエンクロージャの設計を行うべきである（図2.6参照）。

ところで，機械から排出した以降の処理工程も含めて処理の容易な切りくずとは，「破断形や短いコイル状」であるが，このような切りくずが生成される切削条件では，一般的に仕上げ面の品質は劣化する。そこで，良好な仕上げ面の得られる「流れ形」切りくずの生成される条件下で加工を行いながら，切りくずを破断するためにインサート（スローアウェイチップ）に「切りくずブレーカ（chip-breaker）」を設けることが普遍化している。しかし，そのような対策では不十分な場合もあるので，最近ではインサートから高圧切削油・冷却

剤を加工点に噴射して切りくず破断を行う技術の開発・実用化も進んでいる。

その一例として，**図6.11**には一般的な切りくずブレーカおよび高圧切削剤と併用するインサートを示してある。例えば，アーヘン工科大学のKlocke教授がインコネル718をcBNインサートで突切り加工する際に用いた報告によれば，80および300バールの切削剤の供給で，おのおの「コンマ状」および「細かく破砕された状態」の切りくずが生成されている（図4.32参照,[5]）。

図6.11 高圧切削剤の内部供給およびそれに用いるインサート（Sandvikの厚意による，2015年）

切りくず処理は，工作機械の利用技術として非常に重要であるが，その技術開発は地味で根気を要するので，組織的な学術研究は英国，MTIRAによるもの以降には行われていないといえる状況にある[4]。その一方，切りくず処理に関わる機器のメーカは数多くあるので，それら企業のカタログや技術資料を収集・分析して，必要な知識を習得するのがよいであろう。

〔2〕**中古機械のリトロフィット**　興味深いことにリマニュファクチャリングなる用語は，古く1980年代後半に工作機械の分野ですでに使われている[6]。ただし，用語の意味するところは現在の「再生利用」とは違っていて，本体構造の基盤となる部分を生かして，新しい機械に衣替えさせる技術である。要す

るに，加工空間に関わる本体構造要素を新たな加工要求に対応できるように構築し直す方式，すなわち現在のプラットフォーム方式の一つの展開形である。

　例えば，旋盤の場合には，ベッド，主軸台，ならびに心押台は，そのまま使用して，サドルとクロススライドは新しく作る方式である。案内面の修復作業は必要となるであろうが，その反面，十分に「枯れた大物鋳造構造」を使える利点がある上に，機械全体を新製するよりも安く，加工目的に対応できる機械を造り出せる。容易に理解できるように，この技術は大形工作機械に対して有効であり，英国，H＆M社で重切削用のCNC床上式横中ぐりフライス盤に採用されているほかに，中国大陸では米国から購入した中古の大形工作機械に適用している。

〔3〕**部品およびユニットの再生利用**　産業規模が小さい工作機械の分野では，いまだに使われていないが，自動車の分野ではすでに一つの産業分野として成長しつつあり，一般的に「利益のあがる事業」と捉えられている。それは，製造の際にエネルギーを必要としてコストのかかる素材や鋳造部品の使用を抑えられるためである。例えば，英国，シュルーズベリー（Shrewsbury）にあるキャタピラ社のリマニュファクチャリング・サービス工場では，他社製も含めて毎月15 000台の使い古した自動車，鉄道，ならびに船舶用デイーゼルエンジンの再生処理を行っている。そして，15年ほど使用した戦闘車両のデイーゼルエンジンを再生利用して，さらに5年ほど寿命を延ばしている。また，同社の米国，ペオリア（Peoria）にある再生部門では，2005年に10億ドルの売上高（同社の総売上高：360億ドル）であったが，そのあとには年率12～15％の伸びを期待している。

　ここで，注意すべきは，このようなリマニュファクチャリング向けの工作機械が必要なことである。例えば，ピストンは稼働中に生じたピッチングを除去するために，フライス削りをされたあとにCr，あるいはNi基合金を溶射加工して，再び元のピストンに削り直される。さらに，ピストンの新規設計の際には，再利用されることを前提とした設計方法もキャタピラ社では行われている[7]。

演習問題

〔**1**〕工作機械の予防保全,自動点検・保守,自己復帰システムについて考察し,具体的にどのようなシステムが考えられるか検討せよ.

〔**2**〕わが国の工作機械メーカが世界的に展開している「アフターセールスサービスの実態について調査し,その問題点について考察せよ.

〔**3**〕工作機械における資源の節約(リデュース),再利用(リユース)および再生(リサイクル)の可能性について論ぜよ.

付　録　　工作機械工学の全体像を知るには

「工作機械」と聞くと，工学の中の非常に狭い専門領域のように頭の中で響くが，社会が必要とする製品を産み出す際に「核となる」のが工作機械であるので，すでに1章の冒頭で述べたように，工作機械技術の領域は非常に幅広い。それは，世界には多種多様な人間社会があり，それら社会が要求するいろいろな製品をおのおのの希望に従って具現化しているのが工作機械であることを考えれば，さらに感覚的によくわかるであろう。

それでは，技術面の特徴的な様相を基に，工作機械技術の幅広さと奥の深さを展望してみよう。このような展望では，つぎのような工作機械の三つの側面をながめると好都合である（2章の冒頭参照）。

① 部品の集積体としての工作機械単体，ならびにいくつかの工作機械が集まって構成する工場（生産セルや生産システム）という「製品の階層構造」。
② 実際に部品を加工するとなれば，工作機械のほかにアタッチメント，切削・研削工具，さらには加工対象の工作物で構成される場，いわゆる「加工空間の連環」に関わる技術が重要となること（図2.5および図6.3参照）。
③ ユーザの注文や市場の希求に応じて設計され，製造された工作機械がリマニュファクチュアリングされるまでの製品寿命に関わる「生産モルフォロジー」なる流れ（図6.9参照）。

付図1は，これら三つを考慮して描いた「工作機械の専門領域」であり，図中の「生産文化論」で例示されるように，非常に幅広い技術である。ちなみに，生産文化論は，「物つくりは製品が使われる世界各地域の文化・風土に適応するように行うべき」とする専門分野であり，具体的には「生産技術と工業社会学」の融合したものである[1])。

本書では，付図1中の「工作機械単体」を主として取り扱っていて，図中に二点鎖線で囲ったものには特に触れていない。したがって，工作機械を幅広く理解するには，それらについて必要に応じて自己学習されることをお薦めしたい。その際には，参考となる書籍や技術ノートなどの資料が容易に入手できれば好都合であるが，WEBで検索すれば数多くの情報が入手できる現今でも，「素形材および半素形材の供給」および「生産システムおよび生産セルのレイアウト設計」に関わる参考資料の入手は難しい。ちなみに，5章では，「耐びびり振動特性」や「熱変形」など，また，6章ではユーザ支援技術の一環として「リマニュファクチャリング技術」や「予防保

付録　工作機械工学の全体像を知るには　　223

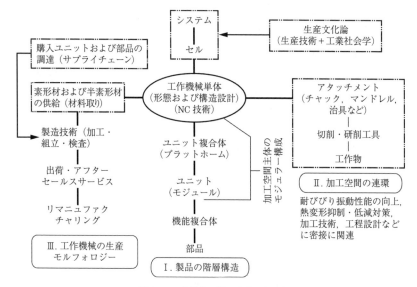

付図1　工作機械工学の広義な領域[1]

全」などを取り扱っている。そして，それらをさらに詳しく学習するとなれば，アタッチメント，切削・研削工具，切削・研削機構などを知る必要があり，それには例えば「Theory and Practice in Machining Systems」[6]と題する書を参考にすればよいであろう。このような書を参照すると，同時に工作機械技術の奥の深さも把握できる。

ところで，すでに2章で述べたように，工作機械技術は①学術的知識，②現場の「ノウハウ」を含む長い経験で蓄積された知識，③他分野の有益な知識の流用，ならびに④勘と閃きの活用が用途に適して巧みに組み合わせて構築されている。そこで，製造技術で必要，不可欠であり，また，工作機械技術の奥の深さを知るのに好適な「きさげ仕上げ」や「共ラップ加工」などの「手仕上げ作業」についても自家薬籠中のものとしなければならない[2]。

それでは，ここで前述の公開されている参考資料が非常に少ない二つについて概要を説明しておこう。

素形材および半素形材の供給

これは，現場用語で「材料取り」と呼ばれるもので，部品図が与えられたときに，部品を削り出すために準備する素形材の寸法・形状を決める作業である。別の表現をすれば，部品図に記載された寸法に，「どれだけの余分な取り代を付加するか」という，工程設計の第一段階である。また，多少意味合いは異なるが，同じような知識が付図1中の「加工空間の連環」の中の工作物に対しても要求される。

部品の材質はJISに従って図面に指定されているので，簡単な作業と思われるが，規格に定められた寸法・形状系列や強度のような「工業材料」の一般的な知識とは異なるノウハウの習得が要求される．要するに，工程設計は，加工すべき部品の精度，熱処理の有無，ロット数，許容加工コストなどを考慮，さらには自社内に設備されている工作機械の達成可能な加工精度，整備されているマンドレルの寸法系列，使用可能な切削工具の種類などを考慮して行われ，これらは複雑に相反する特性を有している．

そこで，機械加工の領域では，工業材料を「被削性」なる因子で評価する試みも古くから行われているが，いまだに体系化はされていない．その結果，「材料取り」は，依然として熟練工程設計者に委ねられ，一つの部品図に対していくつもの好適解が存在して，しかも各企業によって異なるという状況にある．当然のことながら，参考にすべき書はなく，先輩から口伝で教えてもらい，それを自己データベース化することになる．**付表1**は，工程設計も含めて素形材や半素形材の加工技術に関わる特質のノウハウの例である．

付表1 素形材および半素形材の加工技術に関わる特質のノウハウ

① 鋳物素材の「砂かみ」による切削工具の損傷
② 鍛造材のスケールによる切削工具の異常摩耗
③ 7-3黄銅にみられる切削工具の引込み（負の切削抵抗背分力）
④ アルミニウム合金の研削加工におけるはなはだしい「目詰まり」
　　―一般的にはアルミニウム合金は切削加工のみ
⑤ チタン合金の切りくずの燃えやすさおよび鋸歯状切りくずによる
　　「びびり振動」の発生
⑥ マグネシウム合金の切屑加工中の発火および堆積した切りくずの自然発火
⑦ 直接焼入れ鋼の大きな「焼き狂い」を考慮した研削取り代の設定
⑧ 同一材質でも「火炎焼入れ」と「高周波焼入れ」で異なる歯車の歯面の「焼き狂い」
⑨ 精密加工における結晶粒内と粒界の硬度差による「刃先の飛び跳ね」
⑩ 「磨き棒鋼」の外周部を加工しない部品設計

生産システムのレイアウト設計

図6.9に示した生産モルフォロジーを具体的な姿にしたのが生産システムであり，現在の主流は1990年代に提案された**フレキシブル・コンピュータ統合生産体制**（**FCIPS**：Flexible Computer-Integrated Production Structure）である[5]．**付図2**は，FCIPSの概念を人間と対比してモデル化して示したものであり，頭脳に相当する**コンピュータ統合生産**（**CIM**：Computer-Integrated Manufacturing），神経系に相当する「情報通信ネットワーク」，ならびに手足と道具に相当する**フレキシブル生産システム**（**FMS**：Flexible Manufacturing System）から構成されている．ここで，図中に示すように，CIMは物つくりで重要な三つの核となる情報処理を行い，情報通信ネットワークは，それら情報をFMSへ供給すると同時に，FMSの稼働状態の情報をCIMへ伝送

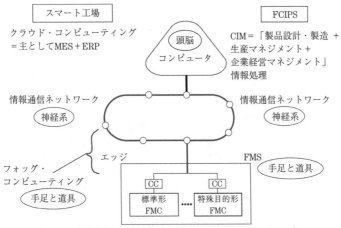

付図2　フレキシブル・コンピュータ統合生産体制の概念とスマート工場構想との比較[5), 6)]

する。また，FMSは，**フレキシブル生産セル**（**FMC**：Flexible Manufacturing Cell）を基本モジュールとするモジュラ構成とするのが一般的である。なお，このように大きなシステム概念全体をすべて実用に供するのは設備投資の関係から難しいので，各企業が実情に応じて，この概念を部分的に実用に供している[†]。

工作機械は，製品を構成する部品群を加工するので，「手足と道具」と密接に関係し，具体的には「フレキシブル加工セル，あるいはフレキシブル加工システム」としてFCIPSの一翼を担っている（システムの規模の小さいものがセル）。そこで，**付図3**にはフレキシブル加工セルを例に，セル内で処理される「物と情報」に関わる入，出力，ならびにそれらを処理するセルの構成要素を果たすべき機能とともに示してあ

[†] CIMに関する書籍は多くあり，例えば生産管理，企業経営，資材計画など，またFMS, Intelligent and Smart Factory Systemsなどをキーワードとして探せば入手は容易であろう。その際に留意すべきは，付図2中の「手足と道具」，いわゆる「システムレイアウト」と関連して記述している書籍が稀なことである。人間と同じく，FCIPSではCIM, 情報通信ネットワーク，ならびにFMSの健全な融合が不可欠なことを銘記すべきである。「システムレイアウト設計」を主体に，また，インダストリー4.0のスマート工場も含めてFCIPSを論じている展望記事はつぎのとおりである。
Y. Ito, Layout Design for Flexible Machining Systems in FCIPS and Convertibility to CPS Module in Smart Factory. Jour. of Machine Engineering; 17-4: p. 5-28. (2017)
なお，これを核として以下の書がe-Bookとして出版されている。
K. Ruth, Y. Ito, Flexible-Intelligent and Smart Factory Systems. Machine Tool Engineering Foundation (Dec. 2018)（工作機械技術振興財団のHPからダウンロード可）

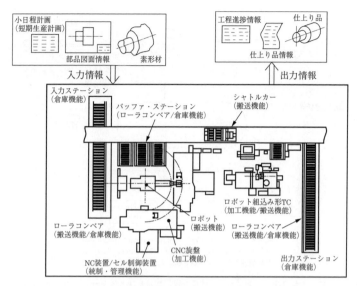

付図3 フレキシブル加工セル内の「物の流れ」および一般的な入出力情報

る．工作物を加工する工作機械，工作物を機械から機械へ，あるいは倉庫から機械へと搬送するためのローラコンベアやロボットのような機器，さらには，これら搬送されるものを一時的に保管する入出力ステーションなどでセルが構成されている．

要するに，セルは①工作機械からなる「加工機能」，②搬送機能，③倉庫機能，④保守・保全機能，ならびに⑤統制・管理機能（セル制御装置）という五つのおもなシステム要素の集積体であり，これらは工作機械単体の周辺作業と密接に関係している．

ここで留意すべきは，FMSは物と情報の流れをコンピュータ援用によって制御して，特に「両方の流れの合流する機器（ステーション）の位置での無駄時間」を極力排除して自動化していることである．これは「同時－同所の原則」と呼ばれ，この原則と同時に「おのおのの流れの中の無駄時間」を極力排除して自動化しているのが「アジャイル生産」である．

生産システムでは，生産態様，すなわち①少品種多量生産，②中品種中量生産，③多品種少量生産，④極多品種極少量生産（a kind of production），ならびに⑤一個物生産（one-off production）のいずれかによってシステムレイアウトの変わるのが常識であったが，現今の機械加工では，これらすべてにフレキシブル加工セルで対応できるようになっている．また，規模の大きなシステムはセルの集積体，すなわちモジュラ構成となっていて，これによってシステムの「柔軟性」，「拡張性」，ならびに「冗長性」を確保して，加工効率や加工能力の高度化を図っている．

現在実用に供されているフレキシブル加工セルでは，ロボット方式（後出の付図8参照）およびパレットプール方式が主流であり，基本的にはロボット方式は加工機能をNC旋盤やTCで構成する一方，パレットプール方式はMCで構成している。ただし，TCとMCを一体化したミルターンに代表されるような加工機能集積形（多軸制御複合形）の機種が普及するに伴って，この区別も曖昧となっている。**付図4**には，パレットプール方式の例を示してあり，MCの前面に配置されたロボットが工作物を搭載したパレットを機械本体とパレットプールとの間で搬送しているので，ロボット方式とも呼べるであろう。なお，参考までに図中にはすでに述べた五つの基本機能も同時に示してある。

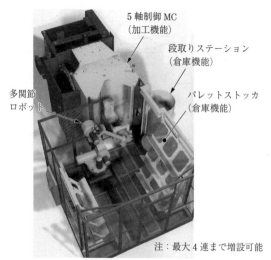

付図4 パレットプール方式フレキシブル加工セル－前面配置された垂直形パレットプール（μMMC型，牧野フライス製作所の厚意による，2016年）

ここで，フレキシブル加工セルの加工機能について少し詳しくながめてみよう。「一個物生産から少品種多量生産までの生産態様のいずれに対応させるのか」と同時に，部品の加工に際して一般的に区分けされる「前加工」，「主加工」，ならびに「後加工」のいずれをセル，あるいはシステムに組み込むかによっていろいろな機種が使われていて，現時点では**付図5**に示すようにまとめられる。そして，大規模なシステムでもセル集積形で構築されることが主流となるに従って，汎用TCおよびMC，さらにそれらの展開形であるミルターンで加工機能を構成することが多い。

加工機能集積形はシステムへの好適な対応性を重視して開発が進められた機種，いわゆるシステム適合形の一つであったが，前述のように，汎用TCやMCの高度化と偶然にも方向が一致して，2000年代になって開発が急速に進んでいる。その結果，最

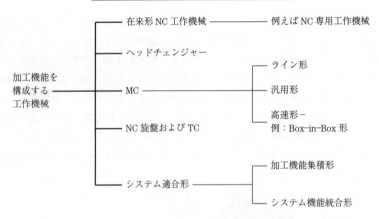

付図 5 フレキシブル加工セルおよびシステムの加工機能を構成する工作機械

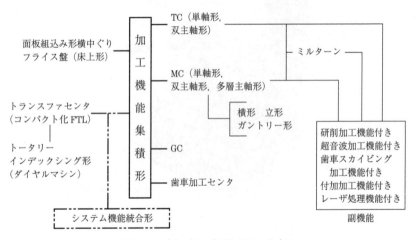

FTL：フレキシブル・トランスファライン

付図 6 機能集積形の現状（2010 年代）

　先端では TC と MC を一体化したミルターンに研削機能，歯車加工機能，さらには 3D プリンタ（付加加工機能）などを集積した機種も，**付図 6** に示すように，実用に供されつつある．なお，システム適合形には，システムの五つの機能を集積する「システム機能統合形」があり，これは自動車産業で多用されている，システム規模の大きなフレキシブル・トランスファラインを代替するものとして，**付図 7** に示すようなトランスファセンタとして実用化が進んでいる．
　ところで，2010 年代初めにドイツが提唱したインダストリー4.0 が大きな話題となっていて，その中にスマート工場の概念が提案されている[3),4)]．ドイツが提示して

付録　工作機械工学の全体像を知るには　　229

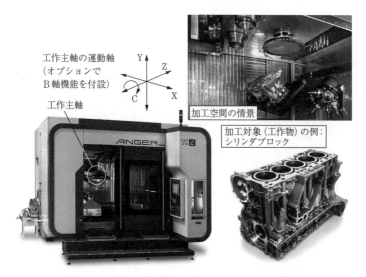

付図 7　トランスファセンタの外観と加工空間（ANGER 社の厚意による）

いるキーワードから簡潔に表現すると，「スマート工場とは，高度に進歩したコンピュータおよび情報通信技術を積極的に利用した，いわゆる IoT（Internet of Things）と IoS（Internet of Services）環境下の工場構想」であり，これによって「個別ユーザの希求に対応できるスマート製品を生産（一個物生産，あるいは極多品種極少量生産）」することを目的としている．具体的には，すでに付図 2 で示してあるように，クラウドコンピューティング，情報通信ネットワーク，ならびに CPS（Cyber Physical Systems）モジュールを核とするフォッグコンピューティングからなる構想である．

わが国では，このスマート工場を非常に革新的と評価する向きが多いが，FCIPS では未熟であった「頭脳」と「神経系」に関わる技術が急速に進歩した結果にすぎない[†]．ちなみに，FMS に相当するものは，CPS モジュール[††]と位置付けられるが，こ

[†] 付図 2 には，FCIPS とスマート工場の構想を対比して示してあり，それらからわかるように，両者は用語が異なっているのみで，システムとしては同じ構想とみなせる．スマート工場のほうが「頭脳」に力点を置いているにすぎないが，例えばスマート工場の ERP は，CIM の一つの構成要素である**資材計画**（**MRP**：Material Resources Planning）」に対応する．

[††] CPS は，「仮想・現実空間システム」と訳されるもので，コンピューティングを主体とする「サイバー（仮想）空間」，ならびにセンサーネットワークで実態が把握され，それによる情報で駆動される，スマートな機械，搬送機器，倉庫のような機器群からなる「物理的な現実空間」を一体化させて構築される自律的な知的システム．ちなみに，付図 2 中の FMS もタスクブローカ方式，あるいはオークション方式，いわゆるコントラクト・ネット方式と呼ばれる自律制御である．

れは一個物生産用 FMC で置換えられる可能性が高く，機械加工については，後述するオークマの実用例，また，三次元形状試作品加工を対象にした 3D-Schilling 社による試みが報告されている[†]。

じつは，それまではフレキシブル加工セルが万能といっても，一個物生産への対応には難があったが，後述するように，セル制御装置を高度化することで問題を解決することができた。その結果，自律性については不十分であるものの，CPS モジュールを代替できる一個物生産用フレキシブル加工セルの実用化が 2017 年頃から進み始めている。ただし，CPS モジュールの制御装置では，クラウドコンピューティングとの情報処理の役割分担が要となるものの，それについての検討は未だ不十分と思われる。

ところで，このようなセルは最先端を行く生産システムであるので，オークマが 2016 年に Sandvik Coromant 社，Gimo 工場に設置した一個物生産用フレキシブル加工セルを**付図 8** に示す。このセルは，中ぐり棒加工用であり，「オンデマンド（on-demand）生産」，ならびに一個物生産に対応できるという画期的な特徴があるほかに，工具交換の迅速化と工具レイアウトの柔軟性を重視したセル設計になっている[7]。特にセル制御装置では，**付表 2** に示すように，「工作物の三次元モデルからロボット

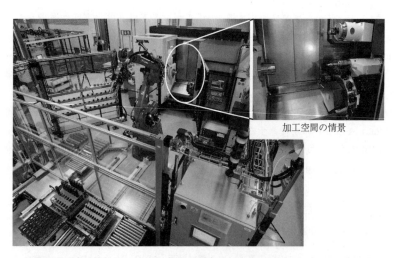

加工空間の情景

付図 8 一個物生産用フレキシブル加工セル（Sandvik Coromant およびオークマ提供）

[†] ドイツ連邦政府，経済・エネルギー省（Bundesministerium für Wirtschaft und Energie）および教育・研究省（Bundesministerium für Bildung und Forschung）が運用している「PLATTFORM INDUSTRIE 4.0」の 2017 年版に，「一個物生産」用 FMC をスマート工場化して成功した例として報じられている（Effektive Metallteilebearbeitung für Losgröße 1 と題して WEB 上に公開）。

付録　工作機械工学の全体像を知るには　　　　　　　　*231*

付表2　Sandvik Coromant 社に設置された一個物生産用フレキシブル加工セルの
　　　　　セル制御装置の概要

---
① CNC インタフェース：機械の停止，不具合などの表示
　　　　　加工要求に応じた NC プログラムの交換
　　　　　外部工具マガジンとの会話機能付き工具管理ソフトウェア
② セル内蔵ライブラリ：コレット，センタ，ならびに工具データをネットワーク
　　　でオークマの制御装置から入手可能
③ 生産計画システム：
　　　　　運転要員とのインタフェース付き
　　　　　工作物の三次元モデルからロボット制御プログラムと NC プログラム作成
　　　　　使用中のコレットチャック，センタ，ならびに工具の認知機能
　　　　　（下部タレット刃物台への工具配置をロボットに指示を含む）

注：セル制御装置：機械本体，ロボット（安川電機），生産計画システム（Sandvik 社）
　　間の会話用ソフトウェア付き

制御プログラムおよび NC プログラムの作成」が特徴的な機能である．また，図から
わかるように，ロボット中央配置方式という標準的なセルレイアウトであるが，加工
機能集積形の一つである「ミルターン（Multus U3000 型）」を中核としている．

参　考　文　献

1. **工作機械工学の概要**
    1) 鳥居元ほか，MZR1.3/1.5 シリンダブロック加工ラインの紹介，マツダ技法，21，p. 138（2003）
    2) 谷口紀男，ナノテクノロジーの基礎と応用，工業調査会（1988）
    3) R. S. Woodbury, Studies in the history of machine tools, MIT Press（1972）
    4) L. T. C. ロルト 著，磯田浩 訳，工作機械の歴史，平凡社（1989）
    5) M. Nakaminami et al., Optimum Structure Design Methodology for Compound Multiaxis Machine Tools, International Journal of Automation Technology, 1, 2, p. 78（2007）

2. **汎用 NC 工作機械の基本的な構造構成**
    1) 伊東誼，生産文化論，日科技連（1997）
    2) 伊東誼，工作機械の利用学，日本工業出版（2015）
    3) 齋藤義夫ほか，砥石車の透過率と周辺の流れの挙動，精密機械，44-12，p. 1501-1507（1978）
    4) 齋藤義夫ほか，平面・乾式研削における被削材表面の熱と流れの挙動，49-10，p. 1421-1427，精密機械（1983）
    5) 新野秀憲，伊東誼，工作機械の構造創成方法──第 1 報　バリアントデザイン方式による創成，日本機械学会論文集（C）；50-449，p. 213-221（1984）
    6) 千代盛豊，渡辺崇，半径方向隙間の有無が容器内回転円盤周りの流れに及ぼす影響，21 回数値流体力学シンポジウム　D3-3，JSFM，（2007）
    7) 土井良夫，積木式工作機械構成方法（BBS）実施にあたって，p. 22-32．トヨタ技報（1963）
    8) T. W. Black, Machine Tool Way Bearings: A Brief Guide to Their Selection. Machinery, p. 106-113 (June, 1966)
    9) K. Gerbert, Zylinderrollenlager für Schnelldrehende Spindelsysteme. Werkstatt und Betrieb, 130-9, p. 702-708 (1997)
    10) Y. Ito, Modular Design for Machine Tools, McGraw-Hill, New York (2008)
    11) Y. Ito, Thermal Deformation in Machine Tools, McGraw-Hill, New York, (ed., 2010)
    12) Y. Ito, A proposal of Modular Design for Localized Globalization Era, Jour. of Machine Engineering, 11-3: p. 21-35 (2011)
    13) Y. Ito, Applicability of "Platform Concept" to machining function-integrated machine tools — A new "Raison d'être" for modular design, Bulletin of JSME, 2-1, p. 1-12 (2015)
    14) J. Jędrzejewski et al., Precise modeling of HSC machine tool thermal behaviour, Jour. of

AMME, 24-1, p. 245-252 (2007)
15) J. Lester et al., Predicted Characteristics of an Optimized Series-hybrid Conical Hydrostatic Ball Bearings. NASA Technical Note NASA TN D-66-7. (Dec. 1971)
16) A. Merlo et al., Advanced composite materials in precision machine tools sector — Applications and perspectives. 17th Inter. Conf. on Composite Materials, Edinburgh. (2009)
17) J. Metternich und B. Würsching, Plattformkonzepte im Werkzeugmaschinenbau. Werkstatt und Betrieb, 133-6, p. 22-29 (2000)
18) H. Opitz und J. Schunck, Untersuchungen über den Einfluß thermische bedingter Verformungen auf die Arbeitsgenauigkeit von Werkzeugmaschinen. Forschungsberichte des lands Nordrhein-Westfalen Nr. 1781, Westdeutscher Verlag, (1966)
19) F. C. Pruvot, High Speed Bearings for Machine Tool Spindles. Annals of CIRP; 29-1, p. 293-297 (1980)
20) H. G. Rohs und B. Zeller, Konstruktive Merkmale einer NC-Drehmaschinen-Baureihe. Werkstatt und Betrieb; 106-8, p. 547-551 (1973)
21) M. Schnier et al., Magnesium HSC-processing. European Production Engineering, 28, p. 14-17 (1998)
22) F. Schwerdtfeger, Beton-Untergestelle für kleine Werkzeugmaschinen. Werkstatt Technik, 33-7, p. 195 (1939)
23) A. Thum und O. Petri, Steifigkeit und Verformung von Kastenquerschnitten. VDI-Forschungsheft, 12 Jg. Nr. 409 (1951)
24) S. Warisawa, Chapter 5 Water-jet Machining and Its Applications: Relaxations of Stress Concentration in Cylindrical Roller Bearing and Preferable Finish of Artificial Joints. In. Y. Ito (ed), Thought-evoking Approaches in Engineering Problems, Springer p. 95-115 (2014)

3. 工作機械と数値制御

1) 清水伸二，初歩から学ぶ工作機械，大河出版（2011）
2) 森脇俊道，5軸・複合って何だ，メリット，ディメリットは，やさしい5軸・複合，ニュースダイジェスト社，p. 50-53（2009.9.30）
3) ニュースダイジェスト社編：生産システム　副読本　改訂14版（2005）
4) 竹内芳美，多軸・複合加工用CAM，日刊工業新聞社（2013）
5) 伊藤勝夫，NC旋盤のプログラミング，日刊工業新聞社（1984）
6) T. Moriwaki, Multi-Functional Machine Tool, Annals of the CIRP, 57, 2, p. 736 (2008)
7) 白瀬敬一ほか，NCプログラムを必要としない機械加工のための仮想倣い加工システムの開発，日本機械学会論文集（C編）66，644，p. 1368（2000-4）

4. 工作機械と計測システム

1) 東晃平ほか，超仕上げにおける加工状態のインプロセスモニタリング，NTN Technical Review, No. 82, p. 61-67 (2014)
2) 石川孝一郎，パラレルリンク構造を用いた測定システム，日本ロボット学会誌，30-2, p. 166-167 (2012)
3) 大谷篤史ほか，インプロセス・ウエットエッチング計測制御技術の開発，デンソーテクニカルレビュー，9-1, p. 109-113 (2004)
4) 岡田将人ほか，コーテッド工具のハードミリングにおける切削特性－コーテッド工具のコーティング膜材質と母材の影響，精密工学会誌，75-8 p. 979-983 (2009)
5) 垣野義昭ほか，アコースティックエミッションによる工具損傷の検出，精密機械，46-3, p. 344 (1980)
6) 門脇義次，三つづめスクロールチャックの工作物把握状態認識センサーの開発，日本機械学会論文集，51-466, p. 1372 (1985)
7) ノリタケ技報，アコースティックエミッション内蔵 CBN ホイールによる研削プロセスの監視，19 (1993)
8) 粂隆行ほか，大形工作機械の高精度加工技術－特殊ジェット潤滑と熱変形補償技術 (ATDS), 三菱重工技報，49-3, p. 33-36 (2012)
9) 西脇信彦，12章／13章 AC 用インプロセスセンサ．In：伊東誼 編，最近の工作機械技術，マシニスト出版，p. 102-121 (1980)
10) 橋詰等ほか，多機能複合形センサによる加工環境のインプロセス認識方法，日本機械学会論文集 (C), 64-619, p. 1072 (1998)
11) 三輪ほか，アコースティックエミッションによる工具損傷のインプロセス検出，日本機械学会論文集 (C 編), 47-424 p. 1680 (1981)
12) 頼光哲ほか，切削抵抗の動的成分による工具摩耗の検出，精密機械，50-7, p. 1117-1122 (1984)
13) 鄭羲植ほか，切削抵抗の動的成分による切屑形態のインプロセス認識，日本機械学会論文集 (C), 55-518, p. 2632-2636 (1989)
14) Fraunhofer IPT Project Report, Online-Prozessüberwachung mit Körperschall (2009)
15) M. Herben, Prozessüberwachung beim Rotationsschleifen von Saphirwafern. GrindTec-Forum, Augsburg (März 2012)
16) T. Insperger et al., On the chatter frequencies of milling processes with runout. Inter. Jour. of Machine Tools & Manufacture; 48, p. 1081-1089 (2008)
17) S. Itoh et al., Ultrasonic Waves Method for Tool Wear Sensing – In-process and Built-in Type, Proc. of Inter. Mech. Engg. Congress, Sydney, p. 83-87 (1991)
18) F. Klocke and M. Rehse, Intelligent Tools through Integrated Micro Systems. Production Engineering, 4-2, p. 65 (1997)
19) F. Klocke et al., Automatisierte Produktion — ohne Spanbruch undenkbar. ZwF, 105-1/2, p. 21-25 (2010)

参　考　文　献

20) W. König und W. Kluft, Prozeßbegleitendes Erkennen von Werkzeugbruch und Verschleißwertgrenzen. Industrie-Anzeiger Nr. 96 V. 1.12 (1982)
21) K. Langhammer, Schnittkräft als Kenngrößen zur Verschleißbestimmung an Hartmetall-Drehwerkzeugen und als Zerspanbarkeitskriterium von Stahl, VFI, Nr. 4. (May 1973)
22) T. Moriwaki and Y. Mori, Sensor Fusion for In-process Identification of Cutting Process Based on Neural Network Approach. In: Proc. IMACS/SICE Inter. Symp. on Robotics, Mechatronics and Manufacturing System '92 Kobe. p. 245 (1992)
23) K. Rall et al., Vermessung rotierender Werkzeuge in HSC-Fräsemaschinen. ZwF; 93-4, p. 127 (1998)
24) J. Rucker, Optimalem Schleifprozess ein Stück näher gekommen. ZwF, 100-11, p. 661-663 (2005)
25) M. Sadilek et al., Cutting Tool Wear Monitoring with the Use of Impedance Layers. Tehnički vjesnik, 21-3, p. 639-644 (2014)
26) E. Saljé, Rauheitsmessung beim Schleifen verbessert Steuermöglichkeiten. Maschinenmarkt, 84: p. 58 (1978-7)
27) H. Shinno, H. Hashizume and H. Yoshioka, Sensor-less Monitoring of Cutting Force during Ultraprecision Machining. Annals of CIRP 52 (1), p. 303-306 (2003)
28) G. Spur und F. Leonards, Kontinuierlich arbeitende Verschleißsensoren für ACO-Systeme bei der Drehbearbeitung. ZwF, 68-10, p. 517 (1973)
29) G. Spur und U. Mette, Spannkraftsensoren ermöglichen kontinuierliche Spannfutterdiagnose. ZwF, 97-1/2, p. 53-56 (1997)
30) H. Tipton, In-process Measurement and Control of Workpiece Size. Machine Tool Research, p. 93 (Oct. 1966)

5. 工作機械の特性解析および試験・検査

1) H. E. Merrit, Theory of Self-Excited Machine Tool Chatter, Trans. ASME, Ser-B, 87-4, p. 447 (1965)
2) J. Tlusty and M. Polacek, The Stability of Machine Tool against Self-Excited Vibration in Machining, International Research in Production Engineering (Proceedings of the International Production Engineering Research Conference, Pittsburgh) ASME, p. 465 (1963)
3) S. A. Tobias, Machine Tool Vibration, Blackie (1965)
4) Y. Altintas, Manufacturing Automation, Cambridge University Press (2012)
5) 垣野義昭，軸の回転精度に関する研究，精密機械，44，6，p. 730（1978）
6) J. Tlsuty and T. Moriwaki, Experimental and Computational Identification of Dynamic Structural Models, Annals of the CIRP, 25, 2, p. 497 (1976)
7) T. Moriwaki, Analysis of Tthermal Deformation of an Ultraprecision Air Spindle System, Annals of the CIRP, 47, 1, p. 315 (1998)

8) 森脇俊道ほか, ニューラルネットワークによる工作機械の熱変形予測, 日本機械学会論文集 C, 61-584, p.1 691 (1995)

9) U. Diekmann et al., Numerisch gesteuerter Mehrspindeldrehautomat. ZwF, 73-5, p. 223 (1978)

10) K. Ehrlenspiel, Konstruktionsbücher Band 35 Kostengünstig Konstruieren. Springer-Verlag (1985)

11) A. M. Gontarz, et al., Machine tool optimization strategies for ecologic and economic efficiency. Proc. of IMechE, Part B, Jour. of Engineering Manufacture; 227-1 p. 54-61 (2013)

12) W. Kersten et al., Kostenorientierte Analyse der Modularisierung. ZwF; 104-12: 1136-1141, (2009)

6. 工作機械とユーザ支援技術

1) 伊東誼, 水野順子, 工作機械産業の発展戦略, 工業調査会 (2009)

2) 伊東誼, 工作機械の利用学 (6 章), 日本工業出版 (2015)

3) 住山剛, 工作機械の監視・保全の高度化を支援する技術動向について, 砥粒加工学会誌, 54-3, p. 10-13, (2010)

4) P. J. C. Gough, Swarf and Machine Tools. Hutchinson of London (1970)

5) F. Klocke et al., Automatisierte Produktion — ohne Spanbruch undenkbar. ZwF, 105-1/2, p. 21-25 (2010)

6) P. McMaster, Renaissance in Remanufacturing. Manufacturing Engineer (Jour. of IProdE), p. 23-24 (Oct. 1989)

7) K. Thomas, Born Again. Time Magazine, 39, (Jul. 12, 2007)

付録　工作機械工学の全体像を知るには

1) 伊東誼, 生産文化論, 日科技連 (1997)

2) 渡子健一, 西本荘爾, 手仕上作業, 産業図書 (1961)

3) acatech, Recommendations for implementing the strategic initiative INDUSTRIE 4.0 (April 2013)

4) acatech, agenda CPS (2015)

5) Y. Ito, Chapter 1 What is Human-Intelligence-based Manufacturing? In: Y. Ito (ed), Human-Intelligence-based Manufacturing. Springer-Verlag London, p. 1-28 (1993)

6) Y. Ito and T. Matsumura, Theory and Practice in Machining Systems, Springer Nature (2017)

7) Okuma Europe GmbH, Press Release (Feb. 2017)

索　　引

〖A〗

AC　117
ACC　129
ACO　152
AE　135, 138, 156
AEセンサ　138, 156
AE信号　135
AGV　23
AI　22, 123
AIポーラス材　57
AM　1, 116
ATC　21
あいまいな属性　56
アナログ方式　20
アナログ制御　90
アンダシュート　170
案内面　175
案内面の設計　73
案内精度　47
安全性　6
足踏み式の旋盤　16
遊　び　170
アタッチメント　32
圧力用検出子　132
アウターモジュレーション　172

〖B〗

BBS　83
Box-in-Box構造　56
バーガイド　81
バックラッシ　77, 97, 170

バックラッシ試験　185
万能フライス盤　19
びびり振動　121, 167
びびり振動の安定線図　174
ビオ数　43
ビルトインモータ　64
ビトウィーン・プロセス計測　126
ボール盤　9
ボールねじ　94
ボールねじ駆動　78
ボールねじの支持方法　79
ポール旋盤　16
母性原則　3, 166
部品の互換性　199
部品の加工コスト　196
部品図作成工程　198
部品図作成と規格　199
分解能　93
ブローチ盤　9

〖C〗

CAD　91
CAM　91
cBN　138
CIM　24, 224
CLデータ　109
CNC　21
CPS　229
CPSモジュール　229

〖D〗

DBB　177
DNC　23
dn値　63
ダブル・ボール・バー法　176
ダブル・ナット方式　78
ダブル・ピニオン方式　77
ダイレクトドライブモータ駆動　98
電動機の起動時間　68
電気油圧パルスモータ　21
ディメンジョン　104
ディジタル方式　20
ディジタル制御　90
動剛性　4, 41, 122, 170
動的応答性　168
同時制御　99
同時制御軸　101
同時制御軸数　93

〖E〗

エンドミルの振れ回り　149
遠隔診断サービス　210
円弧補間　102
遠心力　182
円筒補間　102
円運動精度試験　187

〖F〗

FCIPS　224
FEM　54, 178

FM　*132*
FMC　*24, 225*
FMS　*22, 23, 224, 226, 227*
FMSの同時－同所の原則　*226*
FMSの五つの基本機能　*227*

〚 **G** 〛

GAC　*140*
GC　*29, 125*
GD^2　*68*
外部熱源　*175*
外乱オブザーバ　*159*
外乱信号　*135*
限界切削幅　*173*
減衰比　*172*
ギ　ブ　*77*
剛　性　*4, 170*
5軸マシニングセンタ　*10, 110, 112, 114*
5軸制御加工　*110*
群制御　*23*
グラインディングセンタ　*5, 10*
グラニタン　*50*
逆引き旋削　*203*

〚 **H** 〛

HSK　*71, 147, 213*
ハードワイヤード制御装置　*21*
背分力　*130*
ハイブリッド案内面　*80*
廃棄性設計　*217*
背面突切り　*203*
歯切り盤　*9*
半径方向誤差　*169, 176*
半径方向誤差運動　*187*
汎用工作機械　*8, 14*
汎用MCを構成する
　大物部品　*33*

汎用TCを構成する
　大物部品　*32*
発熱量　*168*
平行度　*185*
平面度　*185*
変位基準設計　*38*
変形加工　*1*
ヘリカルベベルギア　*113*
ヘリカル補間　*102*
比較測定法　*142*
品質保証設計　*215*
平削り盤　*9*
比切削抵抗　*173*
非真円軸受　*60*
補間機能　*93, 102*
補強構造要素　*50*
本体構造　*48*
本体構造の構成材料　*49*
ホローシャンク　*147*
保　守　*6*
補助機能　*104*
付加製造　*1, 116*
負荷運転試験　*185*
複合工作機械　*5*
複合マシニングセンタ　*10*
複合ターニングセンタ　*111*
ふく射　*175*
フライス盤　*9*
フレキシブル加工セル　*225*
フレキシブル加工セルの
　加工機能　*227*
フレキシブル・コンピュータ
　統合生産体制　*224*
フレキシブル生産セル
　24, 225
フレキシブル生産システム
　22, 23, 224
フレキシブルトランスファ
　ライン　*15*
フリクションドライブ　*94*

普通工作機械　*15*
評価試験　*185*
表面粗さの
　インプロセス計測　*145*

〚 **I** 〛

ICT　*22*
IMS　*24*
移動距離　*93*
移動速度　*93*
一個物生産用フレキシブル
　加工セル　*230*
鋳物砂落し　*53*
インナーモジュレーション
　172
インパルス応答法　*178*
インペラ　*113*
インプロセス計測　*126, 128*
インプロセス計測の信頼性
　135
位　相　*171*
位置決め　*3*
位置決め運動　*12*
1自由度の振動系　*179*
一致度　*185*

〚 **J** 〛

JIS　*185*

〚 **K** 〛

階層方式異機種モジュラ構成
　86
回転誤差　*169*
回転角度検出器　*96*
回転駆動機構　*98*
回転精度　*185*
回転テーブル　*112*

索　　引

回転運動　3, 8, 93
回転運動誤差　176
回転運動軸　99
加工機能集積形　227
加工コストの削減　202
加工空間の連環　210, 222
加工能率　4
加工プロセスの
　シミュレーション　119
加工精度　4
加工速度　4
環境負荷　7
干　渉　121
カスタムマクロ　93
形削り盤　9
傾き誤差　169, 176
過渡応答振動　178
カッターパス　103
軽量化　41
計測機能　93
計測システム　129
傾斜誤差運動　187
研削盤　9
研削センタ　29, 125
経済性　6
形状誤差　167
形状創成機能　12
形状創成運動　45
形状・寸法の
　インプロセス計測　141
基本構造要素　31
基本モジュール　84
幾何学的精度　166, 168
幾何学的適応制御　119, 140
機械の骨格　31
機能試験　185
金属除去率　5
切りくず破断　219
切りくず形態の
　インプロセス計測　160

切りくずの再生利用　217
機上計測　126
基準面　176
基準寸法　77
高圧切削剤　219
高減衰能　41
工具補正機能　93, 107
工具機能　104
工具軌跡　103
工具損耗　152
工具損耗の
　インプロセス計測　152
工具座　214
工具材料　26
工具寿命　152
工業デザイン　54
鋼板溶接構造　48
コンクリート構造　48
高能率　166
コンプライアンス　171
コンピュータ援用生産　91
コンピュータ援用設計　91
コンピュータ統合生産　224
コンピュータ統合生産システム
　24
コピーマシン　91
転がり案内　73
工作物・工具取付け状態の
　インプロセス計測　148
工作機械　3
工作機械工学　2
工作機械の本体構造設計　36
工作機械の経済性評価　190
工作機械の形状創成運動　58
工作機械の結合部問題　85
工作機械の基本的な構造構成
　30
工作機械の機能記述　45
工作機械の記述方法　86
工作機械のモジュラ構成　82

工作機械のリトロフィット
　191
工作機械の専門領域　222
工作精度検査　189
高精度　166
高精度化　43
高静剛性　41
高精密工作機械　15
拘束形適応制御　119
高速性　43
固定サイクル　93, 104
工程設計　198
好適化　45
駆動機構　21
クイル形主軸　215
空気静圧軸受　114
組立コスト　202
組み立て精度　166
クランク機構　17
クローズド・ループ方式
　21, 95
草の根的なノウハウ　37
口開き　213
極座標補間　102
強制振動　172
共振周波数　171, 179

〚 *M* 〛

MC　33, 126
MDI　108
MIT　20
MRP　229
MRR　5
曲げ荷重　50
マイクロメータ　189
摩擦駆動　94
増分値方式　103
マシニングセンタ　5, 10, 21
マザーマシン　2

三つの案内精度 75
モジュラ方式コレットチャック 211
モジュラ工具 204
モジュラ構成の経済性 191
モジュラ構成の四原則 85
無負荷運転試験 185
無人搬送車 23

〖**N**〗

NC 8
NC 工作機械 8
NC プログラミング 103
NC プログラム 92
NC 制御装置 21
NURBS 103
流れ形切りくず 218
内部熱源 175
中ぐり盤 9
ならい制御工作機械 90
ナローガイドの原則 75
熱膨張係数 174
熱伝導 175
熱伝達 175
熱電対 184
熱源 175
熱剛性 5
熱変形 5, 114, 121, 175, 181, 184
熱変形補償システム 164
熱変形量 168
熱変形試験 188
熱変形低減策 51
熱慣性 49
熱的安定性の自己制御機能 57
ねじり荷重 50
逃げ面摩耗 152
日本工業規格 185
二重壁構造 52

能率 5
ニューラルネットワーク 184

〖**O**〗

オーバシュート 170
送り 3
送り分力 130
送り機能 104
送り駆動系 77
送り指令 93
送り運動 12
大物部品 31
大物部品の結合部 31
オープン・ループ方式 21
オートコリメータ 176
往復台 19
親ねじ 19

〖**P**〗

PM 6
パラレルリンク形 MC 126
パルスモータ 21
ピッチング 75
ポストプロセッサ 109
ポストプロセス計測 126
ポジティブストップ 148
プラットフォーム方式 87, 88, 214, 220
プログラム 91

〖**R**〗

レーザ干渉計 176
レーザ計測装置 117
レジンコンクリート構造 48
リマニュファクチャリング 217

リマニュファクチャリング向けの工作機械 220
リニアガイド 74
リニアモータ 97
リニアスケール 96
輪郭切削 107
立方晶窒化ほう素砥石車 136
ローリング 75
ロストモーション 97, 170
ロータリーエンコーダ 96

〖**S**〗

Schenk の式 62
self-holding 形 71
self-releasing 形 71
サーボ機構 93, 94
サーボモータ 21
サーボモータの振動階級 66
サーボモータの定格トルク 65
最小領域円 188
最小設定単位 93
最適化適応制御 119, 152
産業革命 17
三面合せ加工の禁止 77
三面拘束 76
3+2 軸制御加工 110
三次元測定器 117
三次元測定機 127
三重チューブ状閉鎖断面ヘッド 58
静圧案内 73
静圧軸受 59
精度 4
静剛性 4, 40, 170
制御軸 93
製品の階層構造 222
製品の生産モルフォロジー 216
製品設計の流れ 30

索引

精密工作機械　15
生産文化論　56
生産モルフォロジー　216, 222
静的精度試験　185
制約形適応制御　119, 129
セミクローズド・ループ方式　21, 95
旋盤　9
旋盤用主軸端　70
せん断力感知用圧電トランスデューサ　155
せん断力用検出子　132
センサ・フュージョン　135
センサに要求される基本的な特性　130
センサの出力信号　135
専用工作機械　14
セルフロック機能　98
セル構造　51, 52
切削（研削）運動　3, 12
切削・研削抵抗の測定方法　153
切削工具の革新　203
切削抵抗の動的成分　160
切削抵抗の合力と三分力　130
切削抵抗の静的成分と動的成分　138
接合加工　1
シーケンス番号　104
シーケンス制御部　92
振動モード　180
真円度　167, 188
真円度測定器　189
信頼性　5
真直度　167, 175, 185
真直度誤差　169
資材計画　229
ソフトワイヤード制御装置　21
速度　4
速度検出器　96

速度線図　68
操作性　6
双柱形単コラム　52
すべり案内　73
すべり案内面の材質　80
すべり軸受　59
水晶圧電形荷重検出セル　130, 154
水晶圧電トランスデューサ　137
水晶の電気軸　131
水準器　176
スカイビング加工　114
すくい面摩耗　152
スマート工場　229
スプライン補間　103
スラントベッド　218
スラスト荷重の支持方法　61
3Dプリンティング　1
捨て掴み代　202
数値計算流体力学　36
数値制御　5, 90
数値制御工作機械　8, 20
省エネルギー　7
象限突起　170
小品種多量生産　14
衝突チェック　121
主分力　130
周波数変調　132
周波数応答　171
主軸回転数　174
主軸機能　104
主軸構造および主軸受　62
主軸駆動系　64
主軸の曲げ静剛性　62
主軸最大許容トルク　61, 67
主軸制御機能　93
主軸ユニット　59

〖T〗

TC　32
多品種少量生産　14
対話形プログラミング　92
対話形自動プログラミング機能　108
ターカイト　81
タコジェネレータ　96
ターニングセンタ　5, 10
単結晶ダイヤモンド工具　114
端面誤差運動　187
単能工作機械　14
単軸自動盤　14
タレット刃物台　214
立形　11
タッチプローブ　117
タッチセンサ　143
多軸自動盤　14
多自由度の振動系　179
定寸装置　142
適応制御　117
転倒モーメント最小化　75, 77
テーパ　70
手仕上げ作業　223
テストバー　175
ティルティング主軸　113
ティルティングテーブル　112
知能化工作機械　123
知能化生産システム　24
砥石車周辺の空気流　36
特殊専用工作機械　14
トラクションドライブ　94
トラニオン形式　112
トランスファライン　15
トランスファセンタ　228
等距離　185
トレーサ　91
トータルエンクロージャ　32, 54

爪チャックの工作物把握状態　149
積木式構成法　83
直角度　185
直線補間　102
直線運動　3, 8, 93
直線運動軸　99
直定規　175
超音波センサ・フュージョン　137
超精密5軸加工機　114
超精密工作機械　15, 25, 59
中品種中量生産　14
中古機械のリトロフィット　219
鋳造構造　48

〖 U 〗

ウエイベアリング　75
ウィルキンソンの中ぐり盤　18
受入れ試験　185
運動誤差　168
運動精度　166, 168

運動制御軸　99
ウォーム・ウォームラック方式　78
ウォーム歯車　98
薄肉構造　50
薄肉軸受　64

〖 V 〗

V-V転がり案内　114

〖 W 〗

割　歩　196

〖 Y 〗

予防保全　6
予防保全設計　215
ヨーイング　75
横　形　11
溶融加工　1
有限要素法　54, 178
ユニット方式　86

ユーザ支援技術　211
ユーザ支援体制　207

〖 Z 〗

在来形工作機械の構造設計　34
材料取り　223
絶対値方式　103
自動盤　90
自動盤の経済性　192
自動工具交換装置　21, 126
自動プログラミングシステム　109
軸方向誤差　169, 176
軸方向誤差運動　187
人工知能　22, 123
自励振動　172, 173
情報通信技術　22
除去加工　1
ジョンソン方式　82
柔軟性　5, 48, 82
準備機能　104
重切削性　43

―――著者略歴―――

伊東　誼（いとう　よしみ）

- 1962 年　東京工業大学理工学部機械工学課程卒業
- 1962 年　株式会社池貝鉄工勤務
- 1964 年　東京工業大学に奉職，助手，助教授を歴任
- 1984 年　東京工業大学教授
- 2000 年　定年退官，名誉教授，日本機械学会会長，日本工学アカデミー副会長を歴任

森脇　俊道（もりわき　としみち）

- 1968 年　京都大学大学院工学研究科修士課程修了（精密工学専攻）
- 1968 年　神戸大学に奉職，助手，助教授を歴任
- 1985 年　神戸大学教授
- 2007 年　神戸大学名誉教授，摂南大学教授
- 2016 年　摂南大学名誉教授，同客員教授，学事顧問

新版 工作機械工学
Machine Tool Engineering（New Edition）
　　　　　　　　　　　　　　　Ⓒ Yoshimi Ito, Toshimichi Moriwaki 1989, 2019

1989 年 9 月 20 日　初版第 1 刷発行
2004 年 4 月 2 日　初版第 13 刷発行（改訂版）
2016 年 9 月 30 日　初版第 20 刷発行（改訂版）
2019 年 7 月 25 日　新版第 1 刷発行

検印省略	著　者	伊　東　　　　誼
		森　脇　俊　道
	発行者	株式会社　コロナ社
		代表者　牛来真也
	印刷所	美研プリンティング株式会社
	製本所	牧製本印刷株式会社

112-0011　東京都文京区千石 4-46-10
発行所　株式会社　コロナ社
CORONA PUBLISHING CO., LTD.
Tokyo Japan
振替00140-8-14844・電話(03)3941-3131(代)
ホームページ　http://www.coronasha.co.jp

ISBN 978-4-339-04103-3　C3353　Printed in Japan　　　　　（齋藤）

JCOPY ＜出版者著作権管理機構 委託出版物＞
本書の無断複製は著作権法上での例外を除き禁じられています。複製される場合は，そのつど事前に，出版者著作権管理機構（電話 03-5244-5088，FAX 03-5244-5089，e-mail: info@jcopy.or.jp）の許諾を得てください。

本書のコピー，スキャン，デジタル化等の無断複製・転載は著作権法上での例外を除き禁じられています。購入者以外の第三者による本書の電子データ化及び電子書籍化は，いかなる場合も認めていません。
落丁・乱丁はお取替えいたします。

機械系教科書シリーズ

(各巻A5判，欠番は品切です)

■編集委員長　木本恭司
■幹　　　事　平井三友
■編 集 委 員　青木　繁・阪部俊也・丸茂榮佑

	配本順				頁	本体
1.	(12回)	機械工学概論	木本　恭司 編著		236	2800円
2.	(1回)	機械系の電気工学	深野　あづさ 著		188	2400円
3.	(20回)	機械工作法(増補)	平井三友・和田任弘・塚本晃久 共著		208	2500円
4.	(3回)	機械設計法	三田純義・朝比奈奎一・黒田孝春・山口健二・荒井　正・浜田志誠 共著		264	3400円
5.	(4回)	システム工学	古川正志・川村秀憲・渡邊真也・安井浩之・小林正樹・木下正博 共著		216	2700円
6.	(5回)	材料学	久保井徳洋・樫原恵藏 共著		218	2600円
7.	(6回)	問題解決のためのCプログラミング	佐藤　次男・中村　理一郎 共著		218	2600円
8.	(7回)	計測工学	前田良昭・木村一郎・押野　至・田村昭雄・秀之・啓夫 共著		220	2700円
9.	(8回)	機械系の工業英語	牧野州秀・水野雅裕・高橋俊雄・阪部俊也 共著		210	2500円
10.	(10回)	機械系の電子回路	高梨茂・阪部晴俊・丸茂榮佑 共著		184	2300円
11.	(9回)	工業熱力学	丸茂榮佑・木本恭司 共著		254	3000円
12.	(11回)	数値計算法	藪　忠司・伊藤　惇・民秋　実 共著		170	2200円
13.	(13回)	熱エネルギー・環境保全の工学	井田民男・木本恭司・松崎友雄・山崎友紀 共著		240	2900円
15.	(15回)	流体の力学	坂田光雄・坂口雅人 共著		208	2500円
16.	(16回)	精密加工学	田口紘靖・村田　二 共著		200	2400円
17.	(30回)	工業力学(改訂版)	吉村靖夫・米内山誠 共著		240	2800円
18.	(31回)	機械力学(増補)	青木　繁 著		204	2400円
19.	(29回)	材料力学(改訂版)	中島　正貴 著		216	2700円
20.	(21回)	熱機関工学	越智敏明・吉田固光 共著		206	2600円
21.	(22回)	自動制御	阪部俊也・飯田賢一 共著		176	2300円
22.	(23回)	ロボット工学	早川恭弘・奥野弘順・頃末明 共著		208	2600円
23.	(24回)	機構学	松井高大男・重松洋敏 共著		202	2600円
24.	(25回)	流体機械工学	小池榮一・匡佑秀 共著		172	2300円
25.	(26回)	伝熱工学	丸茂榮佑・矢尾匡永・牧野州秀 共著		232	3000円
26.	(27回)	材料強度学	境田　彰芳 編著		200	2600円
27.	(28回)	生産工学—ものづくりマネジメント工学—	本位田光重・皆川健多郎 共著		176	2300円
28.		CAD/CAM	望月　達也 著			

定価は本体価格+税です。
定価は変更されることがありますのでご了承下さい。

図書目録進呈◆

機械系コアテキストシリーズ

(各巻A5判)

■編集委員長　金子 成彦
■編集委員　大森 浩充・鹿園 直毅・渋谷 陽二・新野 秀憲・村上 存（五十音順）

配本順				頁	本体
		材料と構造分野			
A-1	（第1回）	材料力学	渋谷 陽二／中谷 彰宏 共著	348	3900円
		運動と振動分野			
B-1		機械力学	吉村 卓也／松村 雄一 共著		
B-2		振動波動学	金子 成彦／姫野 武洋 共著		
		エネルギーと流れ分野			
C-1	（第2回）	熱力学	片岡 勲／吉田 憲司 共著	180	2300円
C-2	（第4回）	流体力学	鈴木 康方／関谷 直樹／彭 國義／松島 均／沖田 浩平 共著	222	2900円
C-3		エネルギー変換工学	鹿園 直毅 著		
		情報と計測・制御分野			
D-1		メカトロニクスのための計測システム	中澤 和夫 著		
D-2		ダイナミカルシステムのモデリングと制御	髙橋 正樹 著		
		設計と生産・管理分野			
E-1	（第3回）	機械加工学基礎	松村 隆／笹原 弘之 共著	168	2200円
E-2		機械設計工学	村上 存／柳澤 秀吉 共著		

定価は本体価格+税です。
定価は変更されることがありますのでご了承下さい。

図書目録進呈◆

機械系 大学講義シリーズ

(各巻A5判，欠番は品切です)

■編集委員長　藤井澄二
■編集委員　臼井英治・大路清嗣・大橋秀雄・岡村弘之
　　　　　　黒崎晏夫・下郷太郎・田島清瀬・得丸英勝

配本順		書名	著者	頁	本体
1.	(21回)	材料力学	西谷弘信著	190	2300円
3.	(3回)	弾性学	阿部・関根共著	174	2300円
5.	(27回)	材料強度	大路・中井共著	222	2800円
6.	(6回)	機械材料学	須藤一著	198	2500円
9.	(17回)	コンピュータ機械工学	矢川・金山共著	170	2000円
10.	(5回)	機械力学	三輪・坂田共著	210	2300円
11.	(24回)	振動学	下郷・田島共著	204	2500円
12.	(26回)	改訂 機構学	安田仁彦著	244	2800円
13.	(18回)	流体力学の基礎（1）	中林・伊藤・鬼頭共著	186	2200円
14.	(19回)	流体力学の基礎（2）	中林・伊藤・鬼頭共著	196	2300円
15.	(16回)	流体機械の基礎	井上・鎌田共著	232	2500円
17.	(13回)	工業熱力学（1）	伊藤・山下共著	240	2700円
18.	(20回)	工業熱力学（2）	伊藤猛宏著	302	3300円
20.	(28回)	伝熱工学	黒崎・佐藤共著	218	3000円
21.	(14回)	蒸気原動機	谷口・工共著	228	2700円
22.		原子力エネルギー工学	有冨・齊藤共著		
23.	(23回)	改訂 内燃機関	廣安・實諸・大山共著	240	3000円
24.	(11回)	溶融加工学	大・中・荒木共著	268	3000円
25.	(29回)	新版 工作機械工学	伊東・森脇共著	254	2900円
27.	(4回)	機械加工学	中島・鳴瀧共著	242	2800円
28.	(12回)	生産工学	岩田・中沢共著	210	2500円
29.	(10回)	制御工学	須田信英著	268	2800円
30.		計測工学	山本・宮城・臼田 高辻・榊原 共著		
31.	(22回)	システム工学	足立・酒井 高橋・飯國 共著	224	2700円

定価は本体価格+税です。
定価は変更されることがありますのでご了承下さい。

図書目録進呈◆